AF904343

Hans-Georg Rabacher

LE GUIDE DU PASSAGER AÉRIEN

Devenir un voyageur éclairé, expliqué depuis le cockpit

check pilot.com

Les textes de ce livre sont à des fins d'information générale. Le contenu a été compilé consciencieusement et avec le plus grand soin. En raison de la simplification de sujets complexes pour une meilleure compréhension, il ne peut y avoir aucune garantie ou assurance d'exhaustivité, de la part de l'auteur, de l'éditeur, ou de la traductrice. Une attention particulière a été accordée à la neutralité du langage. Si, toutefois, des termes grammaticalement masculins sont utilisés (comme passager), c'est uniquement pour améliorer la lisibilité et la compréhension du texte. Bien entendu, ces termes englobent toujours aussi bien les personnes de sexe féminin que masculin.

Éditions Checkpilot™, Kottingbrunn, Autriche

Traduction :	Géraldine Dohm www.gedo-buero.de
Correction & révision :	Xavier-Gaël Dorey Yolande Motreff
Couverture & illustrations :	Liana Akobian www.lianaakobian.com
Auteur :	Hans-Georg Rabacher www.checkpilot.com crew@checkpilot.com
ISBN :	978-3-903355-06-4

SOMMAIRE

PLANIFICATION & ORGANISATION

L'AVION

VOLER & SE DIVERTIR

NAVIGATION & COCKPIT

MÉTÉO & TURBULENCES

HÔTESSES DE L'AIR, STEWARDS & PILOTES

SÉCURITÉ & BIEN-ÊTRE

Avant-propos

On pourrait penser que voyager en avion n'a plus rien d'extraordinaire. Et pourtant, la grande majorité de la population n'a jamais pris l'avion. Beaucoup rêvent encore de voir un jour notre planète du ciel et de percer les secrets de l'Aviation. Mais même pour ceux qui embarquent régulièrement à bord d'un avion, que ce soit pour des raisons professionnelles ou pour découvrir le monde, le domaine de l'aéronautique recèle toujours une foule de sujets fascinants et de questions passionnantes auxquelles nous nous proposons de répondre.

Le dépaysement commence dès l'arrivée à l'aéroport, petite ville fonctionnelle qui tranche avec le fonctionnement de notre vie quotidienne. Évocateur pour certains de merveilleux voyages, son agitation incessante sont pour d'autres un mal qu'il faut prendre en patience et dont ils se passeraient volontiers.

Voyager en avion suscite une très grande variété d'émotions. Il y a ceux qui aiment voler, et éprouvent un réel plaisir pendant toute la durée du vol. Voir le monde à travers le hublot, admirer des paysages vus „d'en haut" ou être au-dessus des nuages, en ayant l'impression de pouvoir les toucher : quoi de plus merveilleux. Il y a ceux qui au contraire redoutent le moment du décollage et angoissent durant tout le vol. Ces passagers ont souvent l'impression d'être impuissants, sans défense.

Pourtant, bas besoin d'avoir une confiance aveugle dans la compagnie aérienne. Un atterrissage n'est pas le fruit du hasard, mais une action de routine pour l'équipage du cockpit. Connaître et comprendre les procédures habituelles contribue à accroître le sentiment de sécurité lors des voyages en avion, quelle que soit la fréquence des vols.

Un avion est un lieu de rencontre et de convivialité. Un voyage n'établit pas seulement des liens entre les passagers, il crée aussi un sentiment de cohésion à bord et rapproche des personnes d'origines et de cultures différentes. Il est vrai aussi que certains voyageurs apprécient la solitude et considèrent un vol comme un moment de répit au-dessus des nuages. S'évader de la vie quotidienne est particulièrement facile dans une atmosphère calme, par exemple en s'adonnant à la lecture d'un livre attendue avec impatience. Le séjour à bord peut ainsi être vécu et perçu plus consciemment, comme un instant d'évasion très loin du quotidien.

Mon métier de pilote m'a permis de recueillir nombre de questions récurrentes et passionnantes que se posent les passagers. Vous en trouverez les réponses dans ce livre dédié à tous ceux qui ont toujours voulu en savoir plus sur le monde de l'Aviation.

Avec lui, vous aurez toujours un compagnon de voyage pratique dans vos bagages, que vous vous envoliez pour visiter une grande ville, pour des raisons professionnelles ou pour partir en vacances dans un lieu paradisiaque. Parcourrez les chapitres tous plus captivants les uns que les autres qui vous fourniront aussi bien des informations pratiques que des connaissances théoriques sur l'aviation. Plus rien ne vous empêche de vous envoler pour une nouvelle aventure. Pour votre prochain vol, je vous souhaite un agréable séjour à bord, des moments fascinants et un très bon voyage en toute sécurité !

Votre pilote
Hans-Georg Rabacher

À l'aéroport

✓

Les noms de code des aéroports

Si vous voyagez en avion, vous vous êtes peut-être déjà interrogé sur le code de l'aéroport qui semble n'avoir aucun sens. En réalité chaque aéroport dispose d'un code individuel valable dans le monde entier. Ce codage assure l'arrivée à bon port de tous les passagers et de leurs bagages.

Pour les voyageurs aériens, les codes dits « à 3 lettres » sont un repère bien visible permettant d'identifier leurs aéroports de départ et d'arrivée. Ces trois lettres latines sont attribuées à tous les aéroports par *l'Association internationale du transport aérien* (IATA), l'organisation faîtière des compagnies aériennes. Dans la mesure du possible, on utilise les premières lettres du nom de la ville dans son orthographe anglaise.

Ainsi, l'aéroport de *Miami* aux États-Unis a reçu l'abréviation « MIA », celui de *Frankfurt* (Francfort) en Allemagne « FRA », celui de la cité-État *Singapore* (Singapour) « SIN », celui de *Sydney* en Australie « SYD » et celui du *Cairo* (Caire) en Égypte « CAI ».

Dans le cas où une combinaison de lettres serait déjà attribuée, il peut arriver que le code soit alors purement aléatoire. Mais on essaie d'abord d'utiliser certaines lettres du nom de la destination. C'est le cas par exemple de *Johannesburg* en Afrique du Sud, avec son code d'aéroport « JNB », de *San Francisco* aux États-Unis avec « SFO », et de *Bangkok* en Thaïlande avec « BKK ».

Si une ville possède plusieurs aéroports, les points de référence régionaux ou les initiales des personnalités ayant donné leur nom à l'aéroport permettent également de créer un « code à 3 lettres ». Par exemple, le trente-cinquième président des États-Unis d'Amérique,

John F. Kennedy, a donné son nom et son abréviation à l'aéroport « JFK » de New York. En France, l'aéroport parisien « CDG » s'est vu attribuer son nom et son code en l'honneur de l'ancien chef d'État français Charles De Gaulle.

Outre les « codes à 3 lettres », des « codes à 4 lettres » sont également utilisés dans le secteur du transport aérien. Ils sont attribués par *l'Organisation de l'aviation civile internationale* (OACI) et sont devenus indispensables pour la mise en réseau du trafic aérien au niveau mondial :

L'équipage du cockpit d'un vol de Rome à Stockholm, par exemple, aura au plan de vol les codes « LIRF » et « ESSA ». Ici, la première lettre indique le continent ou la région. Les pays d'Europe du Sud comme l'Italie sont codés avec un « L », tandis que les pays d'Europe du Nord se voient attribuer le « E ». En partant du même principe, la lettre « R » représente les États de l'est de l'Asie, le « K » les États-Unis et le « S » les États d'Amérique du Sud.

La deuxième lettre fait directement référence au pays de départ ou de destination. Dans notre exemple, le « I » signifie Italie et le « S » Suède. La troisième et la quatrième lettre donnent à chaque aéroport son identification propre. Ainsi, « RF » correspond à Fiumicino, l'aéroport principal de Rome, et « SA » correspond à l'aéroport Arlanda de Stockholm.

Les autorités aéronautiques, de contrôle du trafic aérien, les services météorologiques, les entreprises de fabrication et de maintenance, ainsi que les compagnies aériennes travaillent tous avec ces combinaisons. De cette manière, ces codes valables dans le monde entier se sont imposés comme un mécanisme permettant d'éviter les erreurs.

Identifier les différents modèles d'avion

Il n'existe qu'un petit nombre de constructeurs d'avions de ligne. Ils proposent cependant une large variété de modèles différents. Parmi les constructeurs les plus célèbres figurent Airbus, Boeing, Bombardier, Embraer, Ilyushin, Sukhoi et Tupolev.

À première vue, il n'est pas évident de les différencier car la forme et la configuration générale de chaque avion est similaire. Les nuances se trouvent avant tout dans les détails. Des caractéristiques telles que la longueur du fuselage, le nombre et la position des moteurs, le nombre de roues, et la forme des ailes permettent de se repérer. Si l'on compare directement les deux jets court et moyen-courriers les plus utilisés, l'« Airbus A320 », a par exemple un nez plus rond que le « Boeing 737 » dont la partie avant est nettement plus pointue.

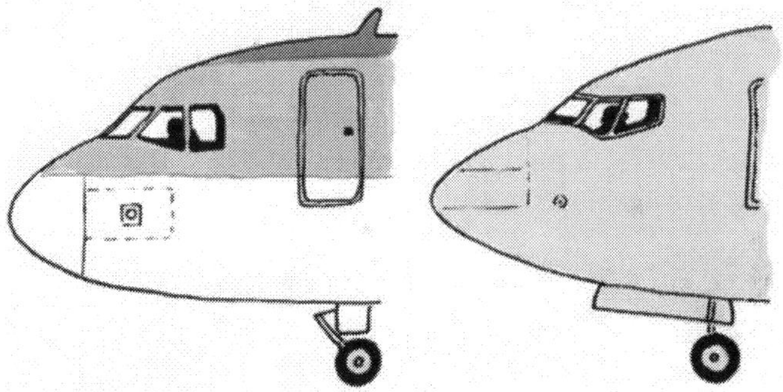

Par-delà les caractéristiques extérieures, les avions peuvent être divisés en trois catégories selon qu'ils sont dédiés aux vols court, moyen ou long-courriers. Il n'existe cependant pas de définition officielle des distances correspondantes, c'est pourquoi les autorités, les constructeurs d'avions et les compagnies aériennes peuvent définir les choses un peu différemment.

À l'intérieur de l'avion, le confort et la disposition des sièges dépendent sans exception des souhaits des compagnies aériennes. Il est donc difficile de distinguer les différents types d'avions sur la seule base de l'équipement. En raison du fuselage plus large des avions long-courriers, il existe de nombreuses possibilités pour positionner les rangées de sièges.

Une astuce simple pour tester vos connaissances : la plupart des compagnies aériennes ont le type d'appareil inscrit le fuselage. Vous pourrez en dernier recours confirmer dans quel type d'avion vous avez pris place en jetant un coup d'œil à la carte de sécurité (*safety card* en anglais) qui se trouve dans la pochette du siège devant vous.

L'immatriculation des avions

Tout comme les voitures, les avions sont attribués à leurs propriétaires respectifs grâce à un numéro d'immatriculation individuel. Celui-ci est clairement visible, parfois associé au drapeau national ou communautaire (par exemple celui de l'Union européenne), sur la partie arrière du fuselage. La nationalité et l'identification exactes sont déterminées par des lettres et des chiffres.

Comme certaines abréviations de pays sont dérivées du nom d'un État, elles sont un peu plus faciles à reconnaître. La lettre « C » par exemple représente le *Canada*. Un avion immatriculé en *Grande Bretagne* et enregistré auprès de l'autorité de l'aviation civile de ce pays porte le code « G ». Pour l'Allemagne (« *Deutschland* » en allemand), la nationalité d'un avion est indiquée par la lettre « D ».

D'autres immatriculations ne sont pas aussi faciles à déchiffrer. Les Pays-Bas par exemple utilisent « PH » comme code de pays, la Suisse utilise « HB » et les États-Unis utilisent la lettre « N » pour indiquer leur nationalité sur les avions.

Les lettres qui suivent la première sont uniquement sujettes à des réglementations nationales. De nombreux pays tentent d'utiliser un système logique. Ainsi, les avions autrichiens par exemple portent le code de pays « OE ». La lettre suivante décrit la catégorie de poids à laquelle l'appareil appartient. Ici, la lettre « A » désigne un avion monomoteur d'un poids maximum de 2 000 kilogrammes (4 400 livres). Cela correspond à la taille d'un avion de sport. Mais si cette lettre est un « L », il s'agit alors d'un avion de ligne dont le poids total en charge est de plus de 20 000 kilogrammes (44 000 livres). Le Boeing 777, entre autres, fait partie de cette catégorie.

Les contrôles de sûreté, un facteur de stress

Chaque aéroport se compose de deux zones distinctes : une zone publique, appelée aussi côté ville, et une zone réservée. La zone publique est accessible à tous, avec ou sans billet d'avion. C'est ici que vous pouvez dire au revoir à vos proches ou bien les accueillir à leur retour. Avec un billet d'avion valide, vous devez passer par le contrôle de sûreté afin d'accéder à la zone réservée. Vous y trouverez de nombreux restaurants, boutiques et autres commerces. Et bien sûr, les portes d'embarquement (*gates* en anglais) accessibles depuis le terminal.

La tâche principale du personnel de sûreté consiste à limiter l'accès à la zone réservée aux seuls passagers munis de documents d'identité et de billets d'avion valides. Les contrôles de sûreté s'appliquent également au personnel de nettoyage, aux services de livraison, ainsi qu'au personnel des aéroports, des compagnies aériennes et des boutiques. Ils sont tous obligés de porter un badge d'identification spécial avec photo, qui encode les autorisations d'accès via une bande magnétique. La zone dans laquelle une personne travaille se reconnaît à la couleur du badge.
La plupart des aéroports utilisent des badges gris, verts, bleus, jaunes et rouges, le gris représentant le niveau d'accès le plus bas et rouge le plus élevé. Toutes les personnes travaillant directement en

contact avec l'avion, c'est-à-dire le personnel qui ravitaille l'appareil, charge les bagages ou effectue des contrôles techniques, ainsi que l'équipage de l'avion, portent un badge rouge. Pour obtenir cette autorisation d'accès, il faut suivre une formation continue sanctionnée par des tests réguliers. L'accent est mis ici sur l'apprentissage des nombreuses règles et mesures de précaution destinées à assurer le bon déroulement des opérations aéroportuaires.

La deuxième tâche majeure du personnel de sûreté consiste à contrôler les bagages à main pour détecter les objets interdits à bord. De façon générale, les armes, les stupéfiants, les explosifs et les substances incendiaires ne sont pas autorisés. Sont également interdits les dispositifs susceptibles de provoquer l'immobilisation des personnes ou dont l'application technique met en danger la sécurité de l'avion.

Le personnel de l'aéroport a le devoir de se montrer très strict dans l'application de ces règles. Les objets mal emballés ou interdits doivent être retirés du bagage à main et éliminés sur le champ. En raison de leurs surfaces coupantes, il vaut mieux placer certains objets du quotidien comme les rasoirs, les limes à ongles et les ciseaux dans les bagages enregistrés. Les objets tels que les vêtements supplémentaires, les biberons, la nourriture pour bébé, les appareils photo, les solutions pour lentilles de contact et les médicaments sous forme solide ou liquide peuvent être transportés sans hésitation dans le bagage à main.

Ces contrôles sévères sont destinés à prévenir les détournements d'avions, les attaques terroristes et toute possibilité de sabotage. Ils sont malheureusement souvent source d'incompréhension et de désagrément, et leur utilité régulièrement questionnée par les passagers dont une longue file d'attente met la patience à rude épreuve.

En cas de fouille, beaucoup ressentent ce coup d'œil intrusif dans leur valise ou bagages à main comme une injustice. Mais il devient nécessaire si des objets pointus ou tranchants sont détectés lors du contrôle aux rayons X ou si un risque potentiel ne peut être évalué de manière fiable sur l'écran. Si d'aventure votre bagage à main contenait certains objets que vous n'aviez jamais eu l'intention de montrer à qui que ce soit, ne vous en faites pas. Les membres du personnel de sûreté sont tous des professionnels et ils en ont déjà vu d'autres.

Passons maintenant au détecteur de métaux que beaucoup considèrent comme un facteur de stress majeur. Un passager portant des objets métalliques sur lui et qui aurait oublié de les déposer sur le tapis roulant s'attirera forcément l'attention du personnel de sûreté. De nombreux voyageurs craignent d'entendre retentir le signal sonore, qui pourrait mener à des questions plus ou moins gênantes. En particulier quand ils se trouvent dans un pays dont ils ne parlent pas la langue.

Mais chaque déclenchement n'est pas forcément synonyme de détection véritable. Le détecteur de métaux intègre en effet un générateur aléatoire, qui sonnera de temps à autre que le passager le traversant alors transporte ou non des objets métalliques. Cela signale aux personnes qui attendent :

> « Attention ! Personne ne passe par ici avec
> des objets interdits - nous trouvons tout ! »

Détail intéressant : le signal d'alarme n'est pas le facteur décisif pour les membres du personnel de sécurité. Ils se fient surtout à l'affichage derrière le détecteur de métaux, qui indique sur une échelle graduée combien d'objets métalliques sont portés par le passager. Un téléphone portable oublié dans une poche de pantalon déclenche un niveau d'alarme semblable à celui d'une arme. Vider ses poches et se débarrasser de tous les objets métalliques n'accélère donc pas seulement l'ensemble de la procédure, mais évite également aux passagers comme au personnel des tensions inutiles.
Les mesures de sûreté varient d'un aéroport à l'autre, et d'un pays à l'autre. Cela est dû au fait que l'Organisation de l'aviation civile

internationale (OACI) ne recommande que des normes minimales à ses États membres pour la mise en œuvre des dispositions en la matière. Sur cette base, chaque État peut prendre les mesures qui lui semblent appropriées pour maintenir la sécurité générale.

En cas de situation de menace sérieuse ou pour les itinéraires vers des zones à risque, des contrôles plus stricts sont naturellement appliqués. L'aéroport Ben Gourion de Tel-Aviv, en Israël, est un bon exemple de procédures étendues. Les voitures particulières, les taxis, les camions, absolument tous les véhicules doivent passer un point de contrôle avant d'atteindre le bâtiment de l'aéroport proprement dit. Les contrôles détaillés se poursuivent selon une structure organisée en plusieurs étapes jusqu'à l'embarquement.

Détecteur de métaux vs. scanner corporel

Avant de passer par le contrôle de sûreté, il faut déposer tous ses effets personnels dans un bac prévu à cet effet. Cela comprend les manteaux, les pulls, les bijoux et l'intégralité du contenu des poches de son pantalon. Dans certains aéroports il est même exigé de retirer les ceintures et chaussures…

Les bacs passent ensuite dans un appareil à rayons X permettant d'en examiner minutieusement le contenu. Tous objet interdit sera détecté immédiatement, entraînant l'ouverture du sac pour confirmation et élimination éventuelle. En cas de doute, le personnel de sûreté est autorisé à contrôler manuellement les bagages pour s'assurer de l'absence d'objets dangereux. Il peut arriver qu'un sac soit entièrement vidé pour ne rien manquer. Il est conseillé de se familiariser avec les instructions relatives aux objets interdits avant le voyage afin d'éviter toute surprise désagréable.

Pendant ce temps, les passagers passent par le détecteur de métaux … en chaussettes et avec le pantalon qui descend tout seul, pour ceux que l'on a privés de leurs chaussures et ceinture !

Le sas de l'appareil génère un faible champ magnétique fonctionnant dans la gamme des basses fréquences. Cela permet de détecter les alliages de métaux, ce qui facilite la découverte d'armes ou autres objets dangereux. L'appareil émet un signal acoustique en cas de présence suffisante de métaux. Chaque aéroport ajuste individuellement la sensibilité des sas. Plus la sensibilité est grande, plus l'appareil est capable de détecter des quantités minimes de métal. C'est pourquoi il peut arriver que les bagues, les piercings, les inserts dans les vêtements - par exemple dans les soutiens-gorges - et même les prothèses, déclenchent un signal.

Si vous avez une prothèse du genou ou de la hanche, ou un pacemaker, il est recommandé d'emporter votre passeport implantaire pour chaque vol. Cependant, les appareils ne réagissent pas aux implants dentaires. La quantité de métal utilisée est trop faible pour être détectée.

Certains aéroports utilisent un scanner corporel à la place du détecteur de métaux habituel. Ces scanners dits « passifs » détectent le rayonnement émis par le corps et l'utilisent pour détecter les objets que vous portez sur vous. Seuls les scanners corporels dits « actifs » utilisent une dose minimale de rayons X. Les fréquences plus élevées de ces rayons permettent une meilleure résolution d'image et donc une détection plus fiable des armes. Cependant, l'utilisation de ces appareils est controversée dans de nombreux pays et il est donc rare de les rencontrer.

Le code-barres sur les bagages

Pour que les bagages enregistrés arrivent bien à destination, ils sont munis d'un ruban de papier blanc sur lequel est imprimé un code-barres individuel. Cette étiquette appelée « Baggage Tag » et destinée à être accrochée à une valise est fabriquée dans une matière indéchirable et permet d'enregistrer différentes informations concernant le propriétaire des bagages et son trajet.

Y figurent les aéroports de départ et d'arrivée, ainsi que les éventuelles escales. On y trouve également l'abréviation internationale de la compagnie aérienne, tout comme le numéro du vol. Le nom complet et le sexe du voyageur sont également imprimés. En outre, le comptoir d'enregistrement exact est codé, ou à défaut l'endroit où le « Baggage Tag » a été imprimé. Il contient également la date d'émission et l'ordre d'embarquement, c'est-à-dire si vous avez embarqué en premier, en deuxième, en troisième etc.

Toutes ces informations sont présentes dans le code-barres individuel imprimé aussi bien horizontalement que verticalement sur l'étiquette en papier. Les différents lecteurs automatiques des systèmes de traitement des bagages peuvent collecter les données nécessaires facilement et rapidement grâce aux différentes positions d'impression. Chaque boucle de papier reçoit sa propre numérotation et est donc clairement assignable.

Pour les voyages à l'intérieur de l'Union européenne (UE en abrégé), il existe un règlement spécial en raison de la libre circulation des marchandises : les bagages enregistrés sont marqués d'une bande verte sur le bord de l'étiquette. Les douaniers peuvent ainsi voir d'un seul coup d'œil quelles valises et quels sacs proviennent d'un pays non-membre de l'UE et doivent éventuellement faire l'objet de contrôles supplémentaires.

Pour vous permettre de prouver à l'arrivée, en cas de doute, que le bagage vous appartient, vous recevrez lors de son enregistrement un ticket correspondant à votre « Baggage Tag », sur lequel sont stockées les mêmes informations. Il peut arriver (mais cela reste rare) que le personnel de l'aéroport exige de voir ce ticket. En outre, il facilite largement la recherche d'un bagage en cas de perte.

Il est important de ne pas enlever l'étiquette de papier blanc avant le passage de la douane, car cela rend impossible une identification claire du passager et des bagages et complique inutilement les contrôles.

Afin de prévenir les vols, ne confiez jamais la surveillance de vos affaires à un étranger. Les bagages non surveillés ainsi que le retrait délibéré et intentionnel de la valise d'une autre personne du tapis roulant peuvent faire l'objet d'amendes et d'une interdiction de vol. Pour éviter toute confusion, il suffit de comparer rapidement l'étiquette avec votre propre ticket code-barres. Après tout, il n'est pas exclu que d'autres voyageurs possèdent le même modèle de valise que vous, et de la même couleur.

La matière dont est fait le « Baggage Tag » est extrêmement robuste, mais il peut tout de même arriver qu'il s'abîme ou que vous l'égariez. Les étiquettes de bagage personnalisées offrent une protection supplémentaire en cas de malentendu. L'étiquette idéale comprend votre nom complet et vos coordonnées, le tout écrit de manière lisible. N'inscrivez cependant votre adresse complète qu'à l'intérieur de la valise afin d'éviter de permettre à un œil indiscret de déterminer que tel appartement ou telle maison est actuellement vide.

Le périple de mes bagages

Entre le moment où vous préparez votre valise, et celui où vous la retirez du tapis roulant à destination, de nombreux facteurs doivent être pris en compte. Il est toujours sage de s'informer à l'avance auprès de votre compagnie aérienne au sujet du poids maximal autorisé pour les bagages voyageant en soute. En l'absence de normes internationales établies, ces chiffres varient non seulement d'une compagnie aérienne à l'autre, mais aussi au sein d'un réseau de lignes et en fonction de la catégorie de place réservée. Peser votre valise à la maison vous évitera de mauvaises surprises une fois à l'aéroport. Un bagage dépassant le poids maximum autorisé peut s'avérer extrêmement coûteux.

Les objets et produits que vous êtes autorisé à emporter avec vous sont définis par les réglementations douanières. Celles-ci sont disponibles pour chaque pays sur internet. Une fois remplie, votre valise ne devrait pas être difficile à fermer pour éviter d'endommager les systèmes de fermeture. Avant de commencer votre voyage, prenez une photo du contenu et de l'extérieur de la valise. Celle-ci pourra par la suite servir de preuve en cas de dommage ou de perte. Il vaut mieux ranger les documents de voyage importants, les médicaments indispensables, le trousseau de clefs et autres objets de valeur dans le bagage à main.

Si possible, évitez de fermer vos bagages à l'aide de sangles, ceintures ou autres courroies qui risqueraient d'endommager votre valise ou celles d'autres voyageurs. Les codes-barres de vols précédents doivent impérativement être retirés avant de commencer un nouveau voyage pour ne pas entraîner d'erreur dans les systèmes informatiques de traitement des bagages. Les valises et autre sacs non reconnus par le système sont soumis à un contrôle de suivi manuel, qui nécessite un délai supplémentaire. Dans le pire des cas, vos affaires risquent de rater l'avion.

Veillez à emballer et protéger soigneusement les objets fragiles. Dès que la valise est mise sur le tapis roulant à l'enregistrement, elle part pour un voyage rapide et mouvementé. La vitesse moyenne des tapis roulants est d'environ 8 kilomètres/heure (5 mph). Les systèmes récents permettent même de doubler cette vitesse si nécessaire. Il faut bien ça pour traiter et contrôler des milliers de bagages quotidiennement.

Si votre bagage enregistré déclenche une alerte au passage des systèmes de sûreté, le personnel de l'aéroport spécialement formé examine la situation plus en détail et la valise est ouverte en cas de doute. Un message apposé dessus vous en informera, expliquant la raison de la fouille et spécifiant quels objets ont été confisqués le cas échéant. S'il n'y a rien à redire ou à vérifier, le voyage se poursuit jusqu'à la station de chargement. Dans le cas de vols retardés ou services particuliers, comme l'enregistrement la veille au soir, les valises sont stockées dans un entrepôt dédié. De là, ils seront pris en charge par le service des bagages en temps voulu et conduits directement à l'avion.

En fonction de la technique de chargement et de la taille de l'avion, il faut en moyenne trente minutes pour charger les bagages. La plupart du temps, ils sont d'abord stockés dans des conteneurs qui sont eux-mêmes ensuite chargés dans l'appareil. Sur certains types de machines, les valises et les sacs sont chargés en vrac dans une soute à bagages. Ils sont ensuite amarrés avec des filets et des sangles. C'est un travail extrêmement difficile pour les employés, car une fois arrivés à l'aéroport de destination, les bagages, parfois très lourds, sont également déchargés à la main avant de pouvoir être retirés sur les tapis roulants dans le hall d'arrivée.

Famille & animaux domestiques

✓

Voyager en toute tranquillité avec des enfants

Lors d'un vol avec des enfants, le stress des parents est souvent beaucoup plus important que celui de leur progéniture. Lorsque les adultes sont sous pression, leurs enfants imitent souvent inconsciemment leur attitude agitée. Il peut alors arriver que les limites de chacun soient rapidement atteintes. Pourtant, des préparatifs ciblés permettent d'éviter bien des ennuis, de sorte que tous les membres de la famille puissent commencer le voyage dans le calme.

Établir des listes est un bon moyen de ne pas perdre de vue l'essentiel. Cela va de la liste de tout ce qui doit aller dans les valises à la fameuse « to-do » liste en passant par la liste de courses. À chacun de décider quel genre de liste lui convient le mieux. Il est aussi utile d'organiser un emploi du temps dans lequel figurent toutes les tâches à accomplir avant le départ avec les délais associés. Vous conservez ainsi une bonne vue d'ensemble de ce qu'il vous reste à faire et du temps dont vous disposez afin d'éviter le stress de dernière minute.

Avec des enfants, les journées se déroulent rarement comme prévu. Il est donc conseillé de préparer le plus de choses possibles à l'avance. Par exemple, n'attendez pas le jour du départ pour acheter vos tickets de transport en commun, afin d'éviter toute attente imprévue au guichet. Les possibilités de stationnement à l'aéroport peuvent également être étudiées préalablement, la recherche d'une place de parking adéquate à la dernière minute pouvant vite devenir un parcours du combattant. Plus vous prévoyez de temps pour vous rendre à l'aéroport, plus les chances sont grandes d'y arriver de bonne humeur.

Une fois sur place, rendez-vous d'abord au guichet d'enregistrement pour vous débarrasser de vos lourdes valises et pour trouver de bonnes places, à moins de vous en être déjà occupé en réservant le vol. L'enregistrement en ligne, souvent disponible, réduit quelque peu le stress le jour du voyage. Selon la compagnie aérienne avec laquelle vous voyagez, il est possible de réserver des menus enfants pour que vos petits ne manquent de rien pendant le vol. Après tout, un enfant rassasié est tout de suite de meilleure humeur ! Mais attention aux aliments très sucrés. En raison de leur effet stimulant, ils ne sont pas recommandés ni avant ni pendant le vol.

Les enfants s'ennuient vite dans ces halls d'aéroport où ils ne trouvent rien à faire, et l'attente entre l'enregistrement et l'embarquement étant longue, il devient alors difficile de trouver à les occuper. Une chose est sûre : laissez vos enfants se défouler au lieu de les forcer à attendre sagement assis sur un banc. Ils devront rester calmes bien assez longtemps une fois à bord de l'avion.

Certains aéroports proposent la location de buggy pour éviter les longs trajets à pied. Mais bien sûr, votre propre poussette pliante va également être transportée. Les compagnies aériennes considèrent qu'il s'agit d'un service spécial familles et ne facturent pas de supplément. Beaucoup d'aéroports vous autorisent à utiliser votre poussette jusqu'à la porte de l'avion. Et même si le personnel de la compagnie aérienne ne le propose pas à l'embarquement, les autres passagers n'ont normalement aucune objection à laisser embarquer en premier les parents avec une poussette. Les quelques minutes ainsi gagnées vous serviront à vous installer et à ranger vos bagages à main en toute tranquillité.

Les divertissements et le séjour à bord devraient être aussi agréables que possible. Il est recommandé d'habiller les enfants avec des vêtements confortables pour le vol. Un petit casse-croûte, de quoi s'occuper, par exemple un jouet ou un livre selon l'âge des enfants, seront judicieux dans le bagage à main des parents.

N'oubliez pas d'emporter des vêtements chauds de rechange. Ils seront particulièrement utiles pendant les vols de longue durée car la climatisation peut rafraîchir sensiblement la température ambiante de la cabine. Si vous êtes à bord d'un vol de nuit, les rituels comme enfiler son pyjama par exemple, peuvent signaler l'arrivée de l'heure de dormir. Une peluche aide également à s'endormir. Hélas, ces astuces ne fonctionnent pas avec tous les enfants. Mais vous mieux que quiconque savez comment vous y prendre avec vos bambins.

En revanche, il est moins recommandé de les laisser jouer longtemps à des jeux vidéo pour que le temps à bord passe plus vite. Certains parents présentent ce temps de jeu comme une sorte de récompense, ce qui peut avoir l'effet indésirable de rendre particulièrement tentant pour l'enfant le fait de veiller tard pour jouer. En général, les passe-temps numériques perturbent le rythme naturel du sommeil et entraînent un manque de repos.

Si votre enfant se fait du souci au sujet de votre voyage en avion, il est important de créer des associations positives. Une approche ludique du sujet aide toujours beaucoup. Un modèle réduit d'avion, que l'enfant apprend à connaître des semaines à l'avance, peut également servir pour expliquer le déroulement du vol. Il fait aussi office de porte-bonheur, même s'il reste avant tout un jouet avec lequel on peut s'amuser. Le plus important est de prendre les craintes de l'enfant au sérieux et de l'accompagner mentalement le jour du vol. Peut-être même que la maquette d'avion permettra à l'enfant de se réjouir à l'avance de son voyage et contribuera à lui donner le sourire une fois à bord.

Prendre l'avion avec un bébé

Bien que chaque enfant soit unique et se comporte différemment, il est important d'éviter tout voyage aérien inutile dans les premiers jours suivant la naissance. Par la suite, ce sera l'état de santé du bébé qui déterminera si vous pouvez ou non prendre l'avion. Il existe des compagnies aériennes qui vous permettent de voyager avec un nouveau-né de quelques jours à peine. D'autres, en revanche, stipulent un âge minimum dans leurs conditions générales de transport.

De nombreux passagers redoutent qu'un bébé voyageant avec eux crie sans arrêt et rende leur voyage pénible. Les parents eux-mêmes espèrent que cette épreuve leur sera épargnée. La plupart des bébés sont pourtant des voyageurs calmes et détendus. Ils surprennent souvent non seulement leurs parents, mais aussi le reste des passagers, en passant le plus clair de leur temps à dormir sagement pendant le vol.

Pour les femmes enceintes, il convient de tenir compte des éléments suivants : lorsque la grossesse se déroule normalement, les voyages en avion ne posent pas de problème pour la santé de l'enfant. Ainsi, la plupart des compagnies aériennes proposent des vols jusqu'à la 35e semaine de grossesse. Passée cette échéance, le risque de déclenchement soudain des contractions ou d'accouchement spontané est trop élevé pour les compagnies, qui déconseillent ou même interdisent de prendre l'avion. Ne voyagez pas non plus en avion en cas de grossesse à risques ou de complications.

Jeunes passagers ...

Les plus jeunes passagers à bord sont les bébés et les enfants en bas âge (*infants* en anglais) jusqu'à deux ans. Ils ont le droit de voyager sur les genoux de leurs parents. Comme ils n'utilisent pas de siège, les compagnies aériennes les laissent généralement voyager gratuitement, ou à un prix très modique. Mais plus le vol est long, plus il devient inconfortable à la longue d'avoir un enfant sur les genoux. Soyez conscient à l'avance que cette position peut entraîner stress et irritabilité, ce qui ne vous aidera pas à vous détendre.

Le terme d'enfant (*child* en anglais) se rapporte à la tranche d'âge allant de deux à douze ans. Le législateur impose alors un siège indépendant, faute de quoi la sécurité au décollage et à l'atterrissage ou en cas de turbulences serait compromise. Toutefois, de nombreuses compagnies aériennes offrent des avantages financiers sous la forme de tarifs réduits pour enfants.

Pour pouvoir voyager en avion, les enfants doivent être accompagnés et disposer de leur propre passeport. De plus en plus souvent, un des parents vit ou travaille dans un endroit éloigné. Il n'est donc pas toujours possible d'accompagner personnellement l'enfant. C'est pourquoi il existe la possibilité d'un voyage en tant que mineur non accompagné (UM, *unaccompanied minors* en anglais), en général dès l'âge de cinq ans. Pour ce type de vol, la compagnie aérienne prend en charge l'accompagnement à travers l'aéroport et le personnel de cabine prend le relais une fois à bord.

Les compagnies aériennes qui proposent ce service pour les enfants voyageant seuls facturent généralement des frais supplémentaires. Si ce genre d'accompagnement vous intéresse, renseignez-vous suffisamment à l'avance sur les conditions particulières de ce service de transport.

La plupart des enfants s'habituent vite à cette nouvelle expérience, notamment parce qu'ils reçoivent beaucoup d'attention grâce à la prise en charge individuelle. Mais il est fortement déconseillé de laisser voyager un enfant seul si c'est la première fois qu'il prend l'avion. Il s'agit d'une nouvelle expérience impressionnante, parfois même intimidante, et la présence d'un parent ou d'une personne de confiance peut donner à l'enfant un précieux sentiment de sécurité. D'autre part, vous connaissez bien votre enfant et pourrez donc répondre au mieux à ses questions.

… et leurs aînés

Les personnes âgées sont souvent tout aussi désireuses de voyager que les jeunes générations. Mais au fil du temps, les priorités et les goûts personnels changent. Les voyageurs expérimentés ont depuis longtemps développé des stratégies pour leur bien-être. Toutefois, ils peuvent eux aussi avoir besoin d'un soutien supplémentaire.

Ce n'est pas toujours facile d'accepter l'aide d'un tiers. Mais les employés de l'aéroport sont à votre disposition vingt-quatre heures sur vingt-quatre en cas de besoin. Il est utile de savoir à l'avance vers quel service se tourner pour obtenir le soutien adéquat. Il serait dommage de ne pas oser voyager par ignorance ou parce que vous avez honte de demander de l'aide. D'autant plus qu'avec une préparation ciblée, la plupart de vos préoccupations peuvent être aisément résolues.

Il est conseillé d'arriver assez en avance pour ne pas être pressé par le temps. Une fois à l'aéroport, les trajets à parcourir à pied peuvent être longs et fatigants. Les aéroports louent également des aides à la marche pour les voyageurs à mobilité réduite. L'accès à l'avion est sans obstacle de sorte que, si nécessaire, un service de fauteuil roulant gratuit peut être fourni pour se rendre depuis le guichet d'enregistrement jusqu'à la porte d'embarquement. Ce service est même prolongé jusqu'à l'intérieur de l'avion si besoin est.

De nombreux aéroports sont mieux équipés pour les premiers secours que bien d'autres bâtiments publics. Un personnel formé, souvent même au niveau médical, est disponible pendant les heures d'ouverture pour fournir un soutien rapide.

Pour être paré à tout, il est bon d'adapter votre pharmacie de voyage à votre destination et à vos vacances. Votre bagage à main est le meilleur endroit pour l'y ranger, vous l'aurez ainsi toujours à portée de main. Cela vous permet d'avoir les médicaments dont vous avez besoin, même si vos bagages arrivaient avec du retard à destination.

Le manque de mouvement, un siège exigu et une hydratation insuffisante favorisent le développement d'une thrombose de voyage et font gonfler vos jambes. Porter des bas de contention peut permettre de lutter contre une éventuelle congestion sanguine. Certains traitements, comme l'administration d'une injection contre la thrombose, peuvent être administrés avant le vol. Pour une recommandation individuelle, il est conseillé de demander l'avis de votre médecin.

À partir d'un certain âge, le choix de la destination demande plus de réflexion. En effet, tous les pays ne sont pas forcément pertinents. Les changements de climat et de fuseau horaire peuvent être éprouvants pour l'organisme. Bien que ces facteurs affectent tous les voyageurs quelque soit leur âge, l'organisme d'un senior a besoin de plus de temps pour s'y adapter, de sorte que les premiers jours de vacances risquent d'être moins reposants que prévu.

Afin de les inciter à voyager en avion, certaines compagnies aériennes proposent des tarifs réduits pour les personnes âgées. Au moment de la réservation, il est recommandé de choisir une rangée de sièges à proximité immédiate des toilettes et un siège réservé dans l'allée permet de se lever sans entrave. Moyennant un supplément, il est parfois possible de monter dans l'avion avant les autres passagers. Ces petits services supplémentaires peuvent accroître le confort pendant le voyage.

Voyager avec un animal domestique

La plupart du temps, les propriétaires d'animaux domestiques considèrent ceux-ci comme des membres de la famille à part entière. Amis toujours fidèles, ils jouent un rôle important dans la vie de leur maître. Il est donc compréhensible que certains voyageurs ne souhaitent pas se séparer de leur animal pendant leurs vacances.

Et pourtant, posez-vous toujours d'abord cette question : est-il vraiment nécessaire d'emmener votre animal en voyage avec vous ? Pendant le transport en avion, les animaux sont affectés par d'innombrables facteurs environnementaux. Ils doivent faire face à un niveau de bruit élevé, aux grandes différences de température, à la pression atmosphérique changeante, au manque d'exercice, aux longues périodes d'attente et à un environnement peu familier, le tout sans la présence de leur maître ou maîtresse. Ces facteurs engendrant un stress important pour les animaux, la vraie question est : le jeu en vaut-il la chandelle ?

Dans le cas où vous décideriez de poursuivre dans cette voie, commencez par une planification précoce et approfondie. Il est important de se familiariser avec les règles d'importation et d'exportation du pays de destination, les éventuelles réglementations en matière de vaccination et de quarantaine et les normes applicables en matière de protection des animaux, qui sont généralement différentes de celles de votre pays. Il faut parfois des jours voire des semaines pour obtenir les papiers et documents de douane en bonne et due forme.

Autre raison de s'y prendre le plus à l'avance possible pour réserver votre billet : le nombre limité de places disponibles pour les animaux sur un vol. Plus vous réserverez tôt, plus les chances seront grandes d'en obtenir une.

Il appartient à chaque compagnie aérienne de décider de sa politique concernant le transport d'animaux. Toutes ne proposent pas ce service. Certaines compagnies autorisent les animaux à voyager en cabine avec leur maître, mais cela se limite en règle générale aux chiens et chats de petite taille, pouvant être transportés dans un sac ou un panier. Dans ce cas, le poids et la taille des animaux autorisés sont spécifiquement précisés. Les chiens plus imposants et les autres types d'animaux domestiques devront voyager dans la soute climatisée. Pour ce type de voyage, les dispositions relatives aux conteneurs de transport appropriés sont beaucoup plus étendues.

Les grands aéroports sont souvent dotés d'une station animalière et de personnel qualifié. Avant que les animaux ne soient chargés, les experts vérifient une dernière fois leur aptitude au voyage. Si vous avez le choix, préférez toujours un vol direct. Si cela n'est pas possible, les animaux recevront de la nourriture et de l'eau lors des escales.

Même si vous voulez bien faire, l'administration de sédatifs et de tranquillisants avant le vol est controversée en raison d'éventuels effets secondaires. Les experts vétérinaires conseillent de faire faire suffisamment d'exercice à l'animal avant de le charger dans la caisse de transport au lieu de lui donner des médicaments.

Les grands animaux, les chevaux par exemple, n'étant généralement pas autorisés à voyager à bord d'un avion de ligne, un vol de transfert peut être réservé grâce à un arrangement préalable avec une compagnie de transport d'animaux. L'acheminement proprement dit est ensuite assuré par une compagnie aérienne de fret.

Cabine & santé

✓

À la recherche de la rangée numéro 13

Les passagers attentifs auront peut-être déjà remarqué que chez certaines compagnies aériennes la numérotation des rangées de sièges présente de mystérieuses omissions. Les rangées 13 et 17, ainsi que la rangée numéro 4 chez certaines compagnies asiatiques, manquent souvent à l'appel. Dans certains milieux culturels, ces nombres ont la réputation de porter malheur. Afin de ne pas effrayer les passagers, les compagnies aériennes se contentent de ne pas les attribuer.

Dans un avion, les rangées de sièges sont d'abord numérotées de l'avant vers l'arrière. Puis, en regardant en direction du cockpit, les sièges sont agencés de gauche à droite : le siège « A » côté hublot gauche, le siège « B » à coté de lui (au milieu de l'ensemble de trois sièges), tandis que le siège côté couloir reçoit la lettre « C ». Si l'appareil est équipé d'un second groupe de trois sièges du côté opposé, les lettres suivent l'alphabet, où « D » est le siège côté couloir, « E » est au milieu et « F » désigne le siège côté hublot. Si les lettres « B » et « E » manquent, cela signifie que l'appareil est équipé de groupes de deux sièges seulement.
Les avions long-courriers disposent d'un troisième groupe, au centre de la rangée, entre les deux allées. Dans une configuration 3-4-3, la lettre « I » est remplacée par la lettre « J ». Les compagnies aériennes veulent ainsi éviter une éventuelle confusion avec le chiffre « 1 » lorsque les passagers cherchent leur place.

Beaucoup de passagers ont leur place préférée, mais la place « parfaite » en elle-même n'existe pas. Ni les chiffres ni les lettres n'indiquent qu'une place est meilleure qu'une autre. En vous y prenant à l'avance, vous pouvez cependant réserver celle qui a votre préférence. Certaines compagnies aériennes publient les plans de sièges de leurs avions à cette fin.

Le mythe de la porte d'avion qui s'ouvre en vol

L'idée que quelqu'un puisse ouvrir la porte d'embarquement pendant le vol met la plupart des gens mal à l'aise. La crainte que les passagers soient alors aspirés hors de l'avion est récurrente. Cependant, cette idée fantaisiste est largement influencée par l'industrie cinématographique. Ce qui semble faisable sur un plateau de tournage est en réalité impossible.

Avant que l'avion ne commence à rouler, toutes les sorties sont verrouillées par le personnel de bord et contrôlées par des signaux électriques dans le cockpit. Une fois l'avion en vol, les lourdes portes sont maintenues en position par la pression en cabine. Une force de plus d'une tonne agit alors sur chaque porte de sortie. Il est donc impossible pour quiconque d'utiliser son propre poids pour la pousser afin de l'ouvrir.

Le petit trou dans le hublot

Les vitres des avions diffèrent en de nombreux points de celles d'une maison. Leur fabrication est techniquement plus complexe, car elles doivent résister à des contraintes spécifiques. La différence la plus évidente réside dans la forme ovale typique, choisie pour des raisons de sécurité. Les changements constants de pression génèrent en effet une fatigue importante des hublots, qui provoquent à la longue des fissures fines sur les bords de fenêtres rectangulaires. Avec une conception ovale, la pression est mieux répartie et ce problème est évité.

Toutefois, la construction de l'ensemble de la structure est plus complexe que ce à quoi on pourrait s'attendre. Dans le détail, chaque hublot se compose de trois couches individuelles : une vitre extérieure robuste et deux vitres de protection intérieures. Les passagers ayant un siège côté fenêtre ont peut-être remarqué le petit trou dans la partie inférieure des deux vitres intérieures ?

Ce petit détail, peu rassurant au premier abord, revêt en fait une immense importance. Ce petit orifice sert à égaliser la pression entre les différentes couches et permet d'éviter d'éventuels dommages dus aux changements constants des rapports de pression. Il assure également la ventilation de la cavité entre les différentes vitres. Si l'air ne circulait pas dans cet endroit inaccessible, l'humidité pourrait s'y accumuler. Cela aurait pour conséquence des fenêtres couvertes de buée et priverait les passagers d'une vue intéressante.

La taille des hublots est également le fruit de nombreuses recherches. L'appareil doit être capable de supporter des températures estivales élevées au sol ainsi que des températures extérieures glaciales à l'altitude de croisière. Le matériau travaille sans cesse, s'étend puis se contracte à nouveau. Or on ne peut tolérer aucun défaut d'étanchéité. Cela va donc limiter la taille du hublot : plus il est petit, plus le risque d'un écartement indésirable entre le cadre et la vitre est faible.

Une innovation est utilisée depuis quelque temps dans certains avions, comme le « Boeing 787 », et remplace les habituels pare-soleil coulissants manuels. Entre deux vitres plates se trouve une couche de gel conducteur très fine, qui change de couleur par stimulation électrique et assombrit ainsi la fenêtre. Si aucune énergie électrique n'est appliquée, la vitre est transparente. Ce hublot d'avion moderne a été conçu de manière à ce que l'obscurcissement se fasse automatiquement en fonction des conditions de lumière extérieure. Toutefois, le contrôle individuel est toujours possible.

Téléphones portables – pourquoi interdits ?

Alors que les téléphones portables devenaient petit à petit un objet de la vie quotidienne, il y a maintenant de nombreuses années, il fût craint initialement que leurs fréquences n'interfèrent gravement avec les communications radiotéléphoniques et les signaux des stations terrestres (indispensable notamment aux équipements de navigation). Bien que des études ont démontré depuis que ce n'était pas si critique qu'on ne le pensait, la communication radio entre les pilotes et les contrôleurs aériens en reste perturbée, car les émetteurs des téléphones portables sont constamment à la recherche de signaux, créant des parasites. En pratique, c'est surtout le cas dans les avions où la distance entre le cockpit et les rangées de sièges derrière lui est particulièrement courte.

Téléphoner est interdit dans les avions commerciaux modernes, pour des raisons de sécurité donc, mais aussi pour une évidente question de confort, afin de ne pas importuner les autres passagers dans cet environnement clos. Imaginez qu'une personne sur deux à bord se mette à téléphoner, il en résulterait une cacophonie digne de la tour de Babel, avec les tensions que ça suppose. Dans les sondages sur ce sujet, la majorité des voyageurs aériens ont jusqu'à présent exprimé leur opposition à la libre utilisation des téléphones à bord.

En outre, les passagers sont ainsi moins distraits par leur smartphone et écoutent plus attentivement les annonces faites à bord par l'équipage. Cela peut parfois être vital, surtout dans les situations d'urgence. Néanmoins, l'utilisation des téléphones portables reste autorisée même au décollage et à l'atterrissage à condition que la fonction de transmission soit désactivée.

Le cendrier dans les toilettes

De nos jours, très peu de compagnies aériennes autorisent leurs passagers à fumer à bord. Partout où le regard se pose dans l'avion, un symbole rappelle qu'il ne faut pas céder à la tentation. Les annonces par haut-parleurs et le symbole d'une cigarette barrée au-dessus des sièges attirent l'attention sur cette interdiction absolue. Les toilettes n'y font pas exception et l'interdiction est ici aussi énoncée de manière évidente… Il est donc d'autant plus surprenant d'y trouver des cendriers !

Mais l'explication est aussi simple que logique : même si fumer est strictement interdit à bord, tous les passagers ne s'y tiennent pas forcément. Le cendrier dans les toilettes est donc une pure mesure de précaution. Pour le cas où un fumeur déciderait d'ignorer tous les avertissements, le cendrier lui permet de se débarrasser avec le moins de risque possible de sa cigarette allumée. Les mégots jetés imprudemment dans une poubelle peuvent avoir des conséquences désastreuses pour la sécurité de toutes les personnes à bord. Les serviettes en papier et autres produits cosmétiques se trouvant déjà dans la poubelle prendraient très facilement feu et les flammes risqueraient de se propager rapidement à d'autres zones de la cabine.

Pour réduire le risque d'incendie, chaque WC est équipé d'un détecteur de fumée très sensible. Si l'alarme est déclenchée, un signal sonore fort retentit dans le cockpit et dans la cabine de l'avion. Le personnel navigant, qui est formé dans le cadre de cours réguliers, réagit immédiatement à cet avertissement, car en cas d'urgence, il reste peu de temps pour maîtriser les flammes.

Comme fumer à bord n'est pas seulement une violation du règlement, mais constitue aussi une mise en danger de la Vie d'autrui, les contrevenants peuvent encourir des interdictions de vol, de lourdes amendes et parfois même des peines d'emprisonnement. Il est donc conseillé aux fumeurs de réfléchir à une stratégie individuelle pour se retenir de fumer pendant le vol.

Le contenu des toilettes passe-t-il par-dessus bord ?

Il existe différents systèmes de toilettes, mais deux variantes se sont imposées dans l'Aviation. Dans le cas des toilettes de bord, on parle d'un système fermé, c'est-à-dire que le contenu ne passe pas par-dessus bord pendant le vol, mais est collecté dans un conteneur situé sous la cabine des toilettes. Ce n'est qu'après l'atterrissage qu'un véhicule spécial en vide le contenu. Ce processus ne prend que quelques minutes, après quoi les toilettes sont de nouveau prêtes à l'utilisation.

Les jets privés utilisent souvent des systèmes avec chasse d'eau, dont le mode de fonctionnement rappelle les toilettes d'un camping-car. Un approvisionnement constant en eau douce dans un avion n'étant tout simplement pas possible, quatre à dix litres d'eau, selon l'équipement, circulent dans le système de rinçage et sont disponibles pour un usage multiple. Les additifs chimiques indispensables à l'hygiène nécessaire sont reconnaissables à la coloration bleue du liquide. Ils retardent le processus naturel de fermentation pour permettre à la personne suivante d'utiliser les toilettes sans être gênée par les odeurs.

Mais ce système de chasse d'eau n'est pas adapté aux gros porteurs. La quantité d'eau nécessaire serait tout simplement beaucoup trop importante. Afin que le fonctionnement des toilettes pendant plusieurs heures soit assuré même sur un vol bondé, les eaux usées sont envoyés dans le récipient de collecte par dépression : la différence de pression entre l'intérieur de la cabine et la pression de l'air à l'extérieur de l'avion fait que lorsque la chasse d'eau est activée, le rabat du récipient de collecte s'ouvre d'un coup sec et les résidus sont littéralement aspirés. Cette aspiration est tellement puissante qu'elle empêche les toilettes de se boucher. De petites quantités de liquide sont ajoutées lors de l'aspiration pour garantir une cuvette propre. Mais alors, d'où vient la croyance largement répandue selon laquelle le contenu des toilettes passerait par-dessus bord pendant le vol ?

En réalité, dans de rares cas, on observe des chutes de « glace bleue » près d'un aéroport. Ce phénomène se produit lorsque les joints du réservoir de collecte deviennent poreux ou que la vanne de sortie n'a pas été correctement fermée. Des gouttelettes d'eau peuvent ainsi se déposer sur la carrosserie extérieure de l'avion. Elles gèlent lorsqu'elles s'échappent et dégèlent lentement lorsque l'avion redescend dans des couches d'air plus chaudes. Il arrive donc un moment où elles se détachent et tombent du ciel. Aussi spectaculaire que soit le phénomène de la « glace bleue », le nombre de ces incidents est extrêmement faible. Grâce à un entretien minutieux et à un fonctionnement correct des vannes externes, tout dommage au sol peut être évité et une sécurité maximale assurée.

Pourquoi une cabine pressurisée ?

L'altitude de croisière moyenne d'un avion de ligne est de 11 000 mètres (36 000 pieds). À cette altitude, la respiration naturelle est impossible pour les humains sans assistance technique. C'est pourquoi la cabine pressurisée maintient une pression interne constante correspondant à une altitude d'environ 2 500 mètres (8 000 pieds) pendant toute la durée du vol. Cela permet à tous les passagers de respirer sans gêne. Les alpinistes de l'extrême savent qu'à une altitude d'environ 7 000 mètres (23 000 pieds) commence ce qu'on appelle la « zone mortelle », dans laquelle un apport supplémentaire d'oxygène est nécessaire pour survivre. Plus l'altitude augmente, plus la saturation en oxygène du sang diminue. Il en résulte une carence pour les tissus, appelée aussi hypoxie. Une pression artificielle doit donc être créée dans la cabine pour que nous puissions respirer normalement.

Dans les avions de ligne modernes, la pression d'air optimale est régulée automatiquement. Les moteurs compriment l'air extérieur. Une partie de cet air comprimé, alors très chaud, est dirigée vers une unité de refroidissement et, de là, alimente le système de climatisation/pressurisation. L'ajout d'air comprimé non refroidi permet ensuite de gérer la température cabine et d'assurer un climat agréable à bord. Si la fonction de régulation automatique de la pressurisation venait à faillir, la pression pourrait toujours être contrôlée manuellement depuis le cockpit.

Pour le cas extrêmement rare d'une panne totale, des masques à oxygène sont situés dans des compartiments au-dessus des sièges. Pour que les enfants assis sur les genoux d'un adulte et le personnel de bord travaillant dans les allées puissent être immédiatement alimentés en oxygène, il y a toujours plus de masques que de sièges. En cas de besoin, ils tombent et fournissent aux passagers d'un avion, même plein, de l'air respirable pendant quinze à vingt minutes environ. Cela suffit pour descendre à une hauteur de vol permettant de respirer normalement sans masque. L'avion reste alors à cette altitude jusqu'à ce qu'il atteigne l'aéroport le plus proche pour y atterrir.

Problèmes digestifs embarrassants pendant le vol

La modification de la pression dans la cabine de l'avion n'est pas sans effet sur votre corps : alors qu'elle diminue lors de la monté, il ne faut pas longtemps aux gaz qui s'y trouvent pour chercher à s'échapper - vous êtes ballonné. Pour de nombreux passagers, c'est un véritable cauchemar, très vite embarrassant.

Grâce à quelques astuces simples, les problèmes digestifs gênants peuvent à tout le moins être réduits, voire évités : avant le vol, ne consommez pas d'aliments connus pour provoquer des flatulences comme les légumineuses ou le chou. Veillez à boire beaucoup d'eau plate. Les boissons gazeuses et l'alcool ont plutôt un effet défavorable.

... Si votre vol est long, portez des vêtements confortables et passez-vous de ceinture pour votre pantalon afin de ne pas appliquer de pression supplémentaire sur votre abdomen. Une petite promenade le long de l'allée peut également aider votre corps à se débarrasser de ses gaz.

Prendre l'avion enrhumé(e)

Un rhume affecte votre oreille interne, qui est responsable de l'égalisation des pressions. Quand cette dernière varie en cabine au cours des montées et descentes, la compensation se fait naturellement dans l'oreille. Aucun problème pour une personne en bonne santé, d'autant plus que la cabine pressurisée favorise ce lent processus d'ajustement. Malheureusement ce n'est plus le cas dès lors que l'on est enrhumé. Si vous partez en vacances avec une infection de type grippal et des sinus bloqués, vous risquez des dommages permanents.

L'oreille humaine est faite de telle manière que l'oreille moyenne commence derrière le tympan. On y trouve, en plus des osselets, une cavité extrêmement importante. Celle-ci, remplie d'air et tapissée de muqueuses, est reliée au rhinopharynx par ce qu'on appelle la trompe d'Eustache qui assure la ventilation interne et l'égalisation de la pression. En cas de rhume et d'inflammation, cette trompe se bouche. Lors de l'atterrissage, le tympan est aspiré dans l'oreille par la pression interne désormais plus faible, ce qui peut provoquer des douleurs et des problèmes auditifs.

Quand vous avez un léger rhume, il reste possible de forcer l'égalisation de la pression en vous pinçant le nez modérément tout en déglutissant. En mâchant et en baillant, vous pouvez également stimuler les petits muscles de la trompe d'Eustache pour qu'ils se contractent et ouvrent le canal de connexion. Un spray nasal peut enfin faciliter le processus puisqu'il diminue l'inflammation des muqueuses, améliorant ainsi la circulation de l'air.

Mais ces petites astuces ne sont pas suffisamment efficaces en cas de rhume sévère, de sinus frontaux douloureux ou de sinus nasaux bouchés. Et si vous avez déjà des maux de tête persistants au sol, vous feriez mieux de ne pas monter dans un avion. En altitude, les symptômes s'intensifient rapidement. Une déchirure du tympan à la suite d'une lésion due à la pression peut entraîner des maladies complexes de l'appareil auditif, y compris une perte auditive.

Il arrive même parfois qu'un membre d'équipage se méprenne sur son état de santé et embarque sur un vol malgré un rhume. Pour ces employés, il en découle souvent une perte de leur aptitude à voler, et donc de leur emploi, à la suite d'une blessure à l'oreille.

Comme le montrent ces exemples, même vous, en tant qu'adulte, pouvez parfois avoir du mal à évaluer correctement votre propre aptitude à voler.

Il convient donc de faire extrêmement attention dans le cas des bébés et jeunes enfants. Demandez toujours un avis médical pour éviter des dommages permanents. En règle générale, les nourrissons et les enfants en bas âge enrhumés ne devraient jamais prendre l'avion !

Cependant, même les enfants en bonne santé doivent être réveillés avant le début de la descente afin de favoriser l'égalisation nécessaire de la pression à l'aide de mouvements de mastication et de déglutition (par exemple avec une tétine ou en avalant de l'eau).

Germes & compagnie

Contrairement au risque souvent banalisé du rhume, la présence possible de germes à bord est généralement surestimée. Les passagers voyageant ensemble pendant des heures dans un espace confiné, l'air de la cabine est constamment renouvelé par de l'air filtré provenant de l'extérieur. Les virus et les bactéries sont donc évacués en continu avec l'air vicié.

L'Organisation mondiale de la santé (OMS) confirme le faible risque de transmission de maladies infectieuses lors d'un voyage aérien. Un voyageur peut naturellement en contaminer un autre assis dans la même zone de l'avion, mais pas plus que dans tout autre transport en commun où les personnes se trouvent en grande promiscuité.

Certaines surfaces à l'intérieur de l'avion sont cependant touchées beaucoup plus fréquemment, et par un grand nombre de personnes. Les agents pathogènes s'y accumulent donc plus facilement. Les lieux de transmission typiques incluent l'appui-tête, la tablette pliante, la pochette du siège, la poignée de porte des toilettes, la chasse d'eau et le lavabo. Mais que faire pour contribuer à réduire la contamination afin de vous protéger et de protéger les autres ?

Veillez à boire suffisamment pour éviter que vos muqueuses ne se dessèchent, cela suffit déjà à réduire le nombre d'agents pathogènes pouvant s'y fixer. Lavez-vous régulièrement les mains avec du savon, touchez le moins possible votre visage, ne déposez pas d'aliments directement sur la tablette pliante devant vous et, si besoin, nettoyez avec une lingette désinfectante les zones en contact direct avec votre peau.

Il n'y a pas non plus de mal à avoir un masque recouvrant le nez et la bouche à portée de main. Pensez enfin à emporter suffisamment de mouchoirs avec vous.

Dans certains pays, il est obligatoire de désinsectiser un avion avant l'atterrissage (*disinsection* en anglais). Insectes non indigènes, ces passagers clandestins pourraient introduire des agents pathogènes. Étant donné que l'équipage utilise des pesticides en bombes aérosols pendant cette procédure, les passagers arrivent souvent à la conclusion erronée qu'ils éliminent des germes. La nécessité de cette mesure est réglementée par les autorités sanitaires nationales, le personnel navigant doit donc s'y tenir.

Planification & organisation

✓

La logistique d'un vol

De nombreux éléments sont nécessaires pour assurer le bon déroulement et la rentabilité du trafic aérien. Chaque vol implique des coûts considérables et les compagnies aériennes utilisent diverses stratégies pour maintenir ces coûts le plus bas possible. Les coopérations et les contrats à long terme permettent de bénéficier de réductions sur l'achat et l'entretien des avions, le carburant et la restauration. Pour être rentables, les avions doivent s'envoler avec le plus grand nombre de passagers à bord. Dans ce but, les compagnies aériennes tentent de proposer des tarifs attractifs et d'investir dans un réseau de lignes répondant au mieux aux attentes des voyageurs.

Afin d'atteindre un remplissage maximal tout en conservant une politique tarifaire viable, de nouvelles solutions sont constamment recherchées dans ce que l'on appelle la gestion du rendement (*yield management* en anglais). Les clients potentiels sont courtisés avec différentes classes de réservation et différents modèles tarifaires. Celui qui veut réserver son voyage de vacances à l'avance est beaucoup plus sensible au prix que celui qui a besoin d'un transport à court terme pour un rendez-vous d'affaires. Les avantages proposés par les programmes de fidélité favorisent également la préférence des passagers.

Certaines compagnies aériennes misent même sur la surréservation délibérée dans leurs calculs. Elles vendent alors sciemment plus de billets qu'il n'y a de places à bord, acceptant ainsi le risque que certaines personnes ne puissent pas prendre leur vol. Grâce aux statistiques et à la collecte de données dans le cadre de la gestion du rendement, la compagnie aérienne sait combien de personnes en moyenne ne se présentent pas à l'embarquement. Cette marge est alors incluse dans le nombre de billets que la compagnie met en vente. Ces stratégies ne fonctionnent malheureusement pas toujours et engendrent le cas échéant le mécontentement des clients qui ne pourront embarquer et qui devront être dédommagés financièrement.

Les considérations stratégiques s'appliquent également au nombre de vols quotidiens. Moins un avion passe de temps au sol, plus il est rentable pour la Compagnie. Après tout, tant qu'un avion est à l'arrêt, la Compagnie ne gagne pas d'argent. Par conséquent, les horaires d'arrivée et de départ d'un même avion sont souvent planifiés au plus juste, assumant le risque qu'un simple retard puisse affecter l'ensemble des vols à suivre.

Une logistique et une coordination rigoureuses dans le domaine des ressources humaines sont également capitales. Les exigences légales en termes de formation pour les compagnies aériennes sont très élevées, en particulier en ce qui concerne le personnel navigant et les pilotes qui doivent suivre un entraînement continu, ainsi que les nouveaux employés doivent être intégrés dans les opérations en cours. Les réglementations relatives aux temps de service et de repos sont strictement contrôlées et prises en compte lors de la création des tableaux de service.

Du point de vue opérationnel, les agents d'opérations s'occupent de la soumission et de l'approbation du plan de vol, et ce bien avant la date de départ prévue. Le plan de vol est envoyé au service de la circulation aérienne où toutes les activités et les mouvements de vol dans tous les espaces aériens sont coordonnés avant que les contrôleurs locaux n'échelonnent les arrivées et les départs en temps réel.

Avant le décollage, l'équipage du cockpit reçoit les données météorologiques réactualisées le long de la route de vol, calcule les besoins en carburant et effectue une dernière inspection générale de l'avion, la fameuse visite « prévol ». Les agents de bord coordonnent entre eux les procédures de service et préparent la cabine pour sa prochaine utilisation. L'équipe de nettoyage s'occupe de l'intérieur de l'avion et vide les pochettes des sièges, l'équipe de restauration fournit, le cas échéant, nourriture, magazines et autres accessoires qui amélioreront le confort pendant le voyage.

Pendant ce temps, les bagages passent le contrôle de sécurité via un système de tri entièrement automatisé jusqu'à un chariot à bagages en attente, ou plusieurs conteneurs. Le chargement et le déchargement des machines sont effectués manuellement par le personnel de service au sol. Enfin, en salle d'embarquement, le premier appel des passagers est effectué et ils sont maintenant invités à embarquer.

Quand l'avion est au sol

Arrivé à destination, l'équipage dispose généralement de trente à cinquante minutes pour préparer l'avion pour le vol suivant. Dans le cas des compagnies aériennes à bas coût (*low-cost airlines* en anglais), ce laps de temps peut même être encore plus court.

Après avoir dit au revoir aux passagers (sur certaines compagnies aériennes, le commandant de bord est personnellement présent à la sortie), l'un des deux pilotes quitte l'avion et effectue une nouvelle visite « prévol » à la recherche d'éventuels dommages visibles sur les moteurs, les commandes de vol ou le train d'atterrissage. Pendant ce temps, le pilote resté dans le cockpit programme l'ordinateur de bord pour le vol à venir et détermine la quantité de carburant nécessaire, qui va dépendre du poids de l'avion, du nombre de passagers et de la route de vol prévue, et comprend systématiquement une réserve de carburant supplémentaire.

Pendant le ravitaillement de l'appareil en carburant, le personnel de nettoyage et le reste de l'équipage s'assurent que l'intérieur de l'avion est prêt pour les prochains voyageurs. Ils nettoient les sièges, le sol et les toilettes, vident les poubelles et préparent le « galley ». Des magazines et d'autres équipements de bord sont également fournis. Dès que ces tâches sont terminées, les nouveaux passagers sont invités à embarquer.

Peu avant le départ, l'agent de piste remet aux pilotes le bulletin météorologique pour le nouveau trajet et la « Loadsheet » qui contient toutes les données importantes concernant le chargement de l'avion pour le vol, telles que le poids total, la répartition du fret et le nombre de passagers. Il est également chargé de coordonner la gestion des avions au sol et de superviser les différentes tâches afin que toutes soient effectuées dans le délai imparti. Il se présentera dans le cockpit après l'embarquement des passagers, reconnaissable à son gilet haute visibilité et au presse-papiers qu'il tient sous son bras, et quittera l'avion avant la fermeture des portes.

Les préparatifs sont maintenant enfin terminés, et dans le cockpit l'équipage demande déjà l'autorisation de mise en route des réacteurs. Celle-ci reçue, un véhicule de piste attelé au train avant repoussera l'avion depuis le terminal vers la position de démarrage (*push-back* en anglais). L'agent de piste attendra que cette opération soit terminée et le véhicule déconnecté pour indiquer par un dernier signe à l'attention de l'équipage que l'appareil peut commencer son roulage autonome vers la piste.

Le dégivrage des avions

Tout comme votre voiture un matin d'hiver, les avions de lignes doivent parfois être dégivrés. Même une petite quantité de neige ou de glace augmente non seulement le poids total d'un aéronef, mais surtout modifie l'état de surface de ses ailes notamment, affectant significativement leurs performances aérodynamiques. Pour éviter cela, les ailes, empennages et autres gouvernes sont aspergés d'un mélange de glycol et d'eau avant le décollage.

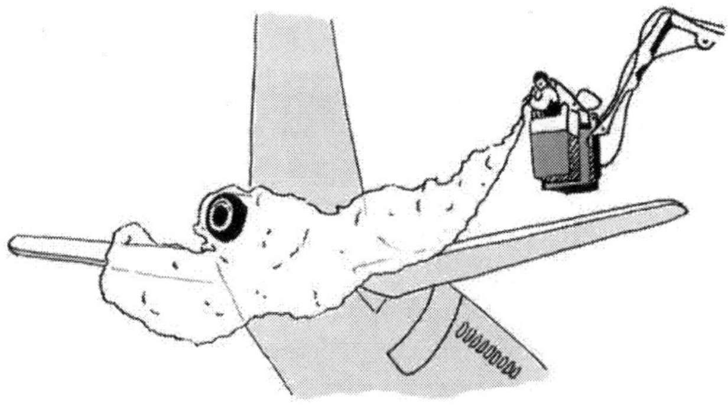

Selon la taille de l'avion, ce processus peut durer de quelques minutes à plus d'une demi-heure, engendrant parfois des retards. Le décollage doit ensuite avoir lieu dans un certain laps de temps après l'application du liquide de dégivrage, au-delà duquel l'efficacité de la protection s'amenuisant une nouvelle couche de glace pourrait se former sur les ailes. Le processus de dégivrage devrait alors être répété, une opération coûteuse pour les compagnies aériennes.

Pendant le vol, cette protection est assurée par des systèmes embarqués. De l'air chaud en provenance des moteurs est par exemple dévié vers l'intérieur des ailes, empêchant la formation de glace. Grâce à ces procédés, les atterrissages dans des conditions hivernales ne posent aucun problème aux avions.

Qu'est-ce qu'un « slot » ?

Un « slot » est le créneau horaire alloué par le contrôle aérien à un avion pour décoller ou atterrir. Cette répartition contribue à réguler et à ordonner le flux de trafic, car les aéroports ne disposent que d'un nombre limité de portes d'embarquement, de places de stationnement pour les avions ainsi que de pistes de décollage et d'atterrissage, ce qui limite sur une période donnée le nombre de vols possibles.

Sur les aéroports très fréquentés, il existe des « slots » fixes pour les vols réguliers qui se répètent le même jour de la semaine et à la même heure. Cependant, il n'y a pas de garanties pour ces créneaux de décollage et d'atterrissage.

Si la météo ne permet pas la densité de trafic prévue ou si l'aéroport est surchargé en raison de reports, un nouvel horaire est attribué en lieu du « slot » habituel. Même un orage qui approche peut gravement perturber le fonctionnement quotidien. De même, des goulets d'étranglement peuvent également se produire le long de la route de vol, ce qui entraîne parfois des restrictions à l'arrivée et au départ.

Un retard est ennuyeux pour toutes les personnes concernées, mais les « slots » réattribués en raison du mauvais temps ou de l'encombrement de l'espace aérien ne sont pas imputables à la compagnie aérienne. Les passagers voient certes leur voyage involontairement prolongé, mais la fin de la journée de travail de l'équipage est également repoussée, avec le risque de dépasser les durées d'engagement maximum réglementaires. Il est donc également dans l'intérêt des compagnies aériennes de réduire au maximum ces retards.

La maintenance des avions

L'avion est contrôlé pour détecter les dommages ou défauts visibles avant chaque vol. Les pilotes s'assurent que leur avion est en parfait état au cours de cette visite « prévol », et une inspection en Ligne quotidienne (*line maintenance* en anglais) est effectué par du personnel de maintenance qualifié pour inspecter les pneus, freins, systèmes et moteurs, et pour vérifier les niveaux d'huile et de fluides hydrauliques. Les inspections en continu et l'entretien intensif des composants augmentent la longévité des matériels et revêtent donc une grande importance pour les compagnies aériennes.

Outre ces contrôles quotidiens, il existe quatre visites de maintenance différentes et d'ampleur variable. La visite de type A est souvent effectuée pendant la nuit. Elle est comparable à une inspection complète de votre voiture. La visite de type B, qui ne s'applique qu'à quelques modèles d'avions, renforce ces inspections régulières. Pour la visite de type C, beaucoup plus approfondie, l'avion est retiré du planning des vols pendant une à deux semaines. Au cours de cette inspection, les différents composants sont démontés et soumis à un contrôle structurel et fonctionnel intensif. Cela donne l'opportunité aux équipes de maintenance d'atteindre des endroits difficiles d'accès. Ce contrôle est également une bonne occasion de procéder à des réaménagements techniques.

Mais le contrôle de loin le plus complet est la visite de type D qui a lieu environ tous les huit ans et dure un peu moins de deux mois. Au cours d'innombrables heures de travail, chaque élément de l'avion se verra démonté et inspecté. Jusqu'à la plus petite vis, chaque pièce est contrôlée pour détecter les signes d'usure, et remplacée si nécessaire. Les systèmes sont renouvelés et parfois modernisés. C'est souvent l'occasion de procéder à une restauration générale de l'intérieur, afin que la cuisine, les toilettes et le sol, par exemple, brillent d'un nouvel éclat. Une fois ces travaux terminés, l'avion est assemblé, testé de manière approfondie et repeint avant d'être remis en service. Compte tenu de l'ampleur de cette maintenance, on peut parler sans hésiter d'un avion neuf une fois l'inspection achevée.

Si des problèmes surviennent entre les différentes visites, l'équipage du cockpit les consigne dans le « carnet de route » de l'avion. Une « Liste d'équipements minimums » (*minimum equipment list* ou MEL en anglais) publiée par le constructeur permet alors de décider si l'avion est malgré tout apte au vol, assorti parfois de limitations jusqu'à rectification. Dès que le composant a été vérifié ou remplacé et que le fonctionnement nominal a été rétabli, la remise en service est également confirmée par une entrée dans le carnet de route. Grâce à ce suivi permanent, chaque avion dispose d'un CV technique transparent.

L'avion

✓

Et pourtant, il vole …

Vous avez certainement déjà observé un avion qui décolle. Apparemment sans effort, les moteurs fournissent la poussée nécessaire à cette machine qui pèse des tonnes pour s'enlever du sol et progressivement prendre de la hauteur. Quelques minutes plus tard, l'avion de ligne a déjà atteint son altitude de croisière et survole bientôt des continents entiers. Mais comment cela est-il possible ? Comment un avion peut-il voler ?

Chaque corps est attiré vers le centre de la terre par la gravité. Les surfaces aérodynamiques que constituent les ailes d'un avion neutralisent ces forces physiques en créant un effet de succion lorsqu'elles se déplacent à une vitesse suffisante dans l'air. L'avion est littéralement tiré vers le haut. Pour obtenir suffisamment de portance, le dimensionnement et la forme des ailes sont cruciaux. Ces dernières, inspirées par la nature, rappellent souvent les ailes d'un oiseau.

Les ailes ont besoin d'être exposées à une quantité suffisamment importante d'air ambiant, imposant une vitesse de vol minimum. Les moteurs fournissent la poussée et ainsi la propulsion nécessaires. La résistance naturelle de l'air, qui ralentit l'avion, est utilisée comme assistance au freinage. Si vous avez déjà fait du vélo avec le vent venant de face, vous savez à quel point cette résistance peut être forte.

Au stade de la conception les caractéristiques et performances d'un avion sont précisément déterminées pour répondre au mieux à son cahier des charges. Les résultats des choix qui en découlent seront vérifiés en soufflerie à l'aide de maquettes. Une des préoccupations principales est bien entendu l'obtention d'une consommation de carburant aussi faible que possible, tant pour des impératifs environnementaux que pour optimiser la rentabilité de l'exploitation. Dans ce domaine l'utilisation de matériaux modernes offre un grand potentiel.

Que sont les winglets ?

Les « winglets » (selon les constructeurs également appelés *Wingtip Fences*, *Sharklets*, *Blended* ou *Raked Wingtip*) sont des appendices aérodynamiques situés aux extrémités des ailes, généralement orientés vers le haut. Ils ont pour objectif de réduire ce qu'on appelle la traînée induite. Engendrant une forte résistance à l'avancement, cette dernière est la résultante des turbulences causées par les différences de pression entre le dessus et le dessous de l'aile.

Les « winglets » permettent de réduire la consommation de carburant d'environ trois à cinq pour cent, rendant la circulation aérienne moins coûteuse et plus respectueuse de l'environnement. Les « winglets » peuvent également être montés en rétrofit sur des avions plus anciens qui n'en disposaient pas à l'origine, choix qu'on fait de nombreuses compagnies aériennes.

Il n'y a pas que les bateaux qui ont besoin d'un gouvernail

Pour piloter un avion, il faut le contrôler autour de trois axes pendant le vol. Contrairement à une voiture, les mouvements et les changements de direction sont possibles dans un espace tridimensionnel.

L'axe vertical traverse l'avion de bas en haut, l'axe longitudinal du nez vers la queue et l'axe transversal d'un bout d'aile à l'autre. Le point où ils se rencontrent est le centre de gravité de l'avion.

Le pilotage autour d'un axe se fait à l'aide de volets mobiles, aussi appelés gouvernes. Semblables à des pagaies dans l'eau, elles permettent des rotations précises autour de chacun de ces axes.

Sur le bord extérieur des ailes se trouvent les ailerons. Ils permettent à l'avion d'effectuer un « roulis » autour de l'axe longitudinal. Pour amorcer un virage à gauche, on tourne le volant (*control wheel* en anglais) ou pousse le manche à balai (*control stick* en anglais) vers la gauche. L'aileron de l'aile gauche se soulève alors, diminuant la portance de celle-ci, pendant que l'aileron de l'aile droite s'abaisse, avec l'effet inverse. Ces braquages opposés des ailerons, et la dissymétrie de portance qu'ils entraînent, engendreront la rotation de l'avion autour de son axe de roulis.

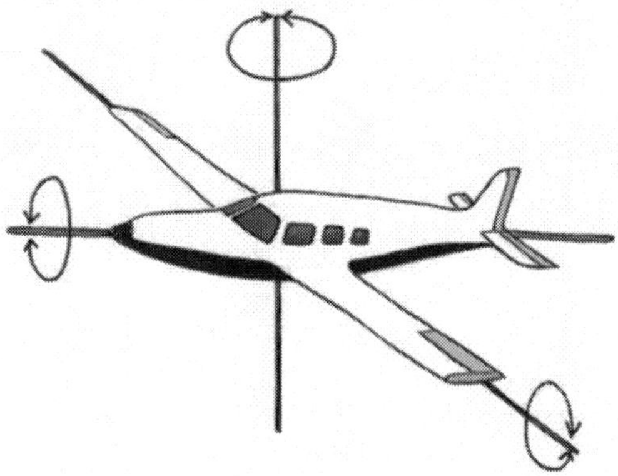

Le gouvernail de profondeur est responsable du « tangage » autour de l'axe transversal. Lorsque l'on pousse le manche à balai vers l'avant, la gouverne de profondeur s'abaisse, et l'avion commence à descendre. Pour remonter en revanche, il faut tirer sur le manche ce qui braquera la gouverne vers le haut.

Pour déplacer l'avion le long de l'axe vertical, le pilote utilise deux pédales appelées palonniers. En actionnant le palonnier de droite avec son pied droit, il oriente la gouverne de direction vers la droite.

Et inversement, s'il appuie sur la pédale de gauche avec le pied gauche, la gouverne de direction s'oriente vers la gauche. En vol, cela participe au virage. Lors de l'atterrissage, la gouverne de direction est encore plus importante : avec son aide, il est possible d'aligner un avion exactement avec l'axe de piste. Par fort vent de travers, la gouverne de direction devient ainsi essentielle.

La propulsion à hélices

Contrairement aux jets propulsés par des turboréacteurs, les avions commerciaux équipés de turbopropulseurs sont déconsidérés par le public, qui les juge bruyants, vieux et peu sûrs. Pourtant, ce type de propulsion ne mérite pas cette réputation et n'est absolument pas obsolète. Pour preuve l'apparition régulière de nouveaux modèles, dont la sécurité n'a rien à envier aux appareils à réaction.

En comparaison directe, les avions équipés de turbopropulseurs sont certes plus lents, mais consomment moins de carburant sur de courtes distances, et offrent des avantages propres qui les rendent parfois indispensables. Sans avions à hélices, certains aéroports ou certaines îles ne pourraient pas être desservis, en particulier quand les pistes de décollage et d'atterrissage sont courtes. En raison du nombre réduit de places disponibles, ils sont souvent utilisés sur des liaisons moins demandées. Ces routes peuvent ainsi être desservies, ce qui ne serait tout simplement pas rentable pour les compagnies aériennes disposant uniquement d'appareils plus gros.

En avant toutes !

Les propulseurs d'un avion de ligne remplissent de nombreuses fonctions différentes. Ils fournissent avant tout la poussée dont l'avion a besoin pour décoller et atteindre la vitesse de croisière requise. Même dans les conditions météorologiques les plus défavorables, les systèmes fonctionnent de manière fiable et sans problème. La plupart des avions commerciaux sont équipés de moteurs à turbine ou à réaction (*jet engines* en anglais) conçus pour être utilisés à haute altitude. Ces propulseurs, extrêmement complexes, permettent des vitesses élevées sur de longues distances.

La partie extérieure visible d'un moteur, de face, est la soufflante, sorte d'hélice aux pales très nombreuses (*fan* en anglais), au centre desquelles se trouve un capot arrondi (*spinner* en anglais). Une spirale est peinte sur cette pointe. Elle est généralement uniformément blanche et facilement visible sur un fond sombre. Grâce à cette spirale, le personnel au sol de l'aéroport peut savoir d'un seul coup d'œil si le moteur est en marche ou à l'arrêt, même dans un environnement incroyablement bruyant.

Comment fonctionne ce propulseur ? Derrière les pales de la soufflante, l'air se divise en deux flux :

Le premier flux d'air est introduit dans un compresseur et y est comprimé. La pression atteinte reviendrait à forcer tout l'air intérieur d'une voiture dans une machine à laver. Ce processus ralentit et réchauffe le flux, qui atteint ensuite la chambre de combustion. Là le carburant est injecté et brûlé. C'est un environnement rude où les températures dépassent les 2 000 degrés Celsius (3 650 degrés Fahrenheit). De cette zone, les gaz brûlés continuent à circuler à plus de 1 000 kilomètres à l'heure (620 mph) à travers la turbine, l'entraînant en rotation, rotation qu'elle transmet à la soufflante et au compresseur, tandis que l'air chaud refroidit et sort par la tuyère, à l'extrémité du moteur.

La plus grande partie de la poussée provient cependant du second flux, qui ne traverse que la soufflante. Celui-ci représente en effet un volume d'air très important, qui circule le long de la paroi du moteur et sert également à refroidir le compresseur, la chambre de combustion et la turbine. Plus le diamètre d'un moteur est important, plus le volume d'air traité est grand. Par conséquent, la taille du moteur est directement liée à la taille de l'avion. Lors de son éjection vers l'arrière, l'énorme masse d'air crée en réaction la poussée nécessaire. Plus ce processus est rapide, plus la vitesse de l'avion est élevée.

Mais les propulseurs assurent en parallèle d'autres fonctions et sont reliés à de nombreux composants techniques de l'avion. Par exemple, le flux d'air entraîne également des générateurs qui produisent l'énergie nécessaire à tous les systèmes électriques à bord, ainsi que les pompes hydrauliques qui sortent et rentrent les trains et volets d'atterrissage. L'air comprimé nécessaire à la régulation du système de climatisation, de la cabine pressurisée et des systèmes de dégivrage des ailes et des moteurs provient également des turbines.

Comme les propulseurs sont d'une importance capitale, ils sont particulièrement robustes et équipés de leurs propres équipements de sécurité. Ils disposent notamment d'un système d'extinction indépendant et sont soumis à des tests approfondis avant d'être certifiés pour les opérations de vol. Il est indispensable pour les motoristes d'analyser le comportement du moteur en cas d'avarie afin de mettre en place les mesures de sécurité appropriées. A titre d'exemple, l'un des tests consiste à faire exploser une des pales à pleine vitesse. Si les fragments restent contenus dans le carénage moteur après l'explosion, le test est considéré comme réussi.

Une menace constante pour les propulseurs est constituée par les objets aspirés au sol ou par ce que l'on appelle le « bird strike », l'ingestion d'un oiseau. Pour simuler cette situation, un « canon à poulets » est utilisé pour tirer des volatiles (morts) ou des objets artificiels similaires directement dans le moteur. Les conditions générales correspondent à une collision avec un animal vivant. Dans le cas d'un système de propulsion fonctionnant de manière optimale, l'oiseau est d'abord poussé au bord de la coque intérieure par les pales, d'où il est propulsé à nouveau vers l'extérieur par le second flux d'air. L'impact est si fort que malheureusement l'animal ne pourra pas y survivre. Dans de nombreux cas, cette construction permet d'éviter des dommages importants. Si le moteur continue à poser des problèmes, il est arrêté pendant le vol.

Cela peut sembler inquiétant, mais toutes les fonctions peuvent être entièrement prises en charge par le second moteur sans conséquence grave sur les opérations en vol. Néanmoins, la plupart des pilotes opteront pour un atterrissage de sécurité non programmé dans cette situation, car l'étendue des dégâts peut être bien mieux déterminée lors d'une inspection au sol.

Le moteur auxiliaire caché

En plus des moteurs principaux, les modèles d'avions les plus courants sont équipés d'un propulseur auxiliaire (*auxiliary power unit* ou APU en anglais) caché dans la queue. Son rôle est d'assurer l'alimentation électrique au sol lorsque les moteurs principaux sont éteints, à la façon d'un groupe électrogène. Le démarrage du groupe auxiliaire de puissance peut être détecté au sol grâce à l'effet de flou thermique à l'arrière de l'avion provoqué par les gaz d'échappement brûlants.

Si le moteur auxiliaire présente un défaut technique ou si son fonctionnement n'est pas autorisé dans un aéroport en raison du bruit, l'alimentation électrique peut également être fournie au système électrique de l'avion via un groupe électrogène au sol (*ground power unit* ou GPU en anglais). Dans ce cas, l'avion est relié à l'aéroport par une prise dédiée.

La deuxième tâche importante du moteur auxiliaire est de permettre le démarrage des moteurs principaux. Il fournit l'air comprimé nécessaire pour les amener à environ 10 à 20 % de leur vitesse de rotation nominale, seuil à partir duquel leur allumage est possible. Le moteur auxiliaire est ensuite éteint, car il n'a aucune utilité pour l'exécution du vol proprement dit et n'est plus nécessaire pour la production d'électricité à bord ni pour le fonctionnement du système de climatisation.

À quoi sert la boîte noire ?

L'enregistreur de vol, mieux connu sous le nom de « boîte noire », est un appareil qui enregistre toutes les données pertinentes d'un vol. Cependant, son nom est trompeur. Afin d'être plus facilement repérable en cas d'accident, la « boîte noire » n'est pas noire du tout, mais rouge ou orange vif.

Grâce à son boîtier robuste en acier inoxydable ou en titane, la « boîte noire » peut résister à des impacts représentant jusqu'à 3 400 fois son propre poids et peut supporter des températures allant jusqu'à 1 100 degrés Celsius (2 000 degrés Fahrenheit). Elle est également étanche et peut supporter des profondeurs allant jusqu'à 6 000 mètres (20 000 pieds). Pour que l'enregistreur de vol puisse être trouvé même dans les régions les plus reculées, l'appareil transmet en cas d'accident un signal toutes les secondes pendant au moins trente jours.

Habituellement, la « boîte noire » se compose de deux unités : l'enregistreur de voix du cockpit et l'enregistreur de données de vol. Ce dernier enregistre environ 3 000 paramètres différents des systèmes de l'avion : les données détaillées des moteurs, toutes les informations disponibles sur la vitesse, l'altitude, le cap, l'angle de tangage, les événements météorologiques et les signaux d'alerte pour les vingt-cinq dernières heures de vol. Les configurations de l'avion telles que la position des volets ou du train d'atterrissage sont également relevées, ainsi que tous les mouvements des gouvernes.

L'enregistreur de voix, quant à lui, enregistre toutes les conversations qui ont eu lieu dans le cockpit au cours des deux dernières heures. Des microphones de haute qualité permettent non seulement l'enregistrement complet de tous les échanges oraux, mais aussi celui des communications radio. Dans le cas d'une enquête sur un incident ou accident, il sera possible de reconstituer exactement à quel moment une commande a été manipulée, chacune dans le cockpit ayant sa signature sonore propre.

Pour éviter toute interférence avec les enregistrements, la manipulation des données ou même la destruction de la « boîte noire », celle-ci est installée dans un endroit inaccessible à l'arrière de l'avion.

Délestage d'urgence

Pendant l'atterrissage, on peut souvent apercevoir des traînées liquides sur les bords arrière des ailes. Ce ne sont que des particules d'eau tourbillonnantes qui deviennent visibles en cas de forte humidité. Elles donnent faussement l'impression que l'avion largue du carburant.

Le véritable délestage de carburant (*fuel dumping* en anglais) n'est autorisé que dans certaines situations d'urgence et très spécifiques qui justifieront cette procédure, pour laquelle il existe des règles strictes. Les compagnies aériennes n'ont aucun intérêt à effectuer régulièrement de délestages de carburant, ne serait-ce que pour la perte financière qu'ils représentent. Mais pourquoi cette option existe-t-elle alors ?

Seuls quelques types d'avions sont techniquement capables de larguer du carburant pendant le vol. Les avions court et moyen-courrier courants ne disposent pas de tels dispositifs. Dans les situations dangereuses, ces derniers peuvent en effet atterrir rapidement, leurs réservoirs de carburant étant plus petits et ainsi leur poids total plus faible. Cependant, dans le cas des avions long-courriers, la différence de poids entre des réservoirs pleins au départ et des réservoirs presque vides à l'arrivée est si importante qu'ils ne peuvent pas se poser à nouveau sur la piste peu de temps après le décollage en raison de leur masse trop élevée. Des forces excessives agiraient sur le train d'atterrissage et la structure de l'avion, rendant difficile un atterrissage en toute sécurité.

Une urgence médicale par exemple pourrait néanmoins rendre nécessaire un retour rapide. Hors de question dans ce cas d'attendre plusieurs heures, tournant au-dessus de l'aéroport, d'avoir consommé suffisamment de carburant pour pouvoir enfin se reposer, alors qu'un passager requiert des soins urgents. C'est pourquoi certains avions long-courriers ont la possibilité technique de vider du carburant en vol.

Un dispositif pulvérise le contenu du réservoir de manière à ce qu'il s'évapore directement dans l'atmosphère. Seul un petit pourcentage atteint réellement le sol. Comme le délestage de carburant est très rare, on peut supposer que l'impact environnemental est extrêmement faible quand une telle action s'avère nécessaire.

Les dispositifs de freinage

La vitesse d'un avion en vol est contrôlée par la puissance des moteurs. Si la poussée est réduite, la vitesse diminue, du fait de la traînée aérodynamique : cela revient à relâcher la pédale d'accélérateur sur votre voiture. Si une décélération plus forte est nécessaire, des destructeurs de portance (*spoilers* en anglais) ou des aérofreins peuvent être déployés sur le dessus de l'aile, augmentant significativement la résistance à l'air. Les passagers assis au niveau des ailes peuvent très bien observer ce processus, en particulier lors de l'atterrissage.

Pendant la phase d'approche vers la piste, les volets d'atterrissage, à l'arrière de l'aile, sont sortis pour permettre à l'avion de voler plus lentement. L'avion touche d'abord la piste avec le train d'atterrissage principal, suivi du train avant. Les freins de roues, que l'on ne trouve que sur les trains principaux, entrent alors en action. Ils sont extrêmement puissants, puisque dimensionnés pour arrêter l'avion à pleine charge pendant sa course au décollage en cas de besoin. Les spoilers sont désormais complètement déployés pour transférer un maximum de poids sur les roues.

Les inverseurs de poussée sont activés, de sorte que les moteurs participent au freinage en éjectant l'air vers l'avant, soulageant d'autant les freins des roues et réduisant considérablement la distance de freinage. Il faut moins de 100 secondes pour qu'un avion s'immobilise complètement.

Les trains d'atterrissage et les pneus

Les trains d'atterrissage (*landing gear* en anglais) et les pneus des avions sont de véritables champions d'haltérophilie. Ils supportent non seulement le poids de l'avion au sol, lui assurant une bonne manœuvrabilité sur le tarmac, mais ont surtout la responsabilité d'amortir le contact avec le sol à l'atterrissage d'un appareil de plusieurs dizaines de tonnes.

Contrairement aux pneus de voiture, les pneus d'avion ne sont pas remplis d'air, mais d'azote. Ce gaz protège les pneus sans chambre à air contre la surchauffe. Chacun d'eux est constitué de plusieurs épaisseurs et pèse de 100 à 150 kilogrammes (220 à 330 livres), selon sa taille. Le matériau est très résistant et peut supporter sans problème de grandes variations de température. Cependant, l'abrasion non négligeable du caoutchouc au décollage et à l'atterrissage provoque l'usure des pneus. Après tout, selon le type d'avion, des vitesses d'atterrissage de 200 à 260 kilomètres heure (110 à 140 nœuds) en moyenne sont courantes. Les forces qui en résultent sur la structure du train d'atterrissage sont réduites et absorbées par les pneus et les amortisseurs. Avant chaque vol, l'épaisseur restante de la bande de roulement et la pression des pneus sont vérifiées afin de détecter rapidement les défauts.

En cas de dommage ou de doute sur l'état d'un pneu, la roue complète est immédiatement remplacée. Le pneu ne finira en revanche que rarement à la poubelle, pouvant grâce à un reconditionnement complet être réutilisé plusieurs fois.

Tous les huit ans en moyenne, le train d'atterrissage est entièrement démonté et révisé au sol pendant la visite de type D. Grâce à une technologie de pointe, les plus petites fissures et les signes de corrosion sont détectés et, si nécessaire, réparés avant que la structure ne soit remontée sur l'avion après un nouveau contrôle.

Les manœuvres de rentrée et de sortie du train d'atterrissage utilisent le système hydraulique, et sont commandés depuis le cockpit via un levier. La position de chaque élément du train est confirmée à tout moment à l'équipage grâce à des capteurs électroniques.

Si le système principal est sujet à un dysfonctionnement technique, les avions commerciaux disposent d'une alternative de sécurité à la fois simple et ingénieuse : le cockpit est équipé d'un dispositif supplémentaire à commande manuelle permettant de déverrouiller le train d'atterrissage en cas d'urgence. La gravité fait le reste et tire le train d'atterrissage vers le bas. Son propre poids le verrouillera en position sortie. Grâce à cette méthode, et même dans le cas peu probable d'un système hydraulique défectueux pendant le vol, rien ne s'oppose à un atterrissage en toute sécurité.

Voler & se divertir

✓

Le passé et le présent

La découverte d'un sceau sumérien vieux de plus de 4 000 ans, sur lequel le berger *Etana* est représenté chevauchant un aigle, montre clairement que l'humanité est fascinée par le vol depuis très longtemps. Cette image est la plus ancienne représentation connue d'un humain volant. Les mythes, les légendes, les sagas et les histoires sur les corps célestes et les créatures ailées sont présents dans presque toutes les cultures. Cependant, il a fallu quelques millénaires avant que l'humanité ne puisse envisager l'aviation d'un point de vue technique.

Au XVe siècle, l'artiste et génie universel italien Léonard de Vinci a dessiné les croquis d'une hélice volante rappelant les hélicoptères d'aujourd'hui. Elle ne pouvait pas vraiment voler, mais les idées de Léonard de Vinci ont été une grande source d'inspiration pour d'autres inventeurs. Dans les siècles qui ont suivi, il y eu de nombreuses tentatives audacieuses pour faire voler des objets, des animaux et des personnes, mais la plupart d'entre elles se sont terminées de façon tragique, à cause du manque de connaissances réelles en aérodynamique.

Ce n'est qu'à la fin du XIXe siècle, avec les expériences de vol du pionnier allemand de l'aviation Otto Lilienthal, que des progrès décisifs ont été réalisés dans le développement de l'aviation comme nous la connaissons aujourd'hui. Lilienthal a analysé la mécanique du vol des oiseaux et essayé d'en intégrer les principes aérodynamiques à ses propres machines volantes. Assez courageux pour tester ses constructions lui-même, il a réussi à planer plusieurs fois avec succès. Au début du XXe siècle, les deux frères américains Wilbur et Orville Wright ont pu poursuivre ses recherches avec des inventions dans le domaine du vol motorisé contrôlé. En collaboration avec d'autres inventeurs, ils ont conçu des machines capables de voler, amélioré l'aérodynamisme et les organes de contrôle, et ont ainsi inauguré une nouvelle ère de l'aviation.

La faisabilité du vol démontrée, l'évolution et le perfectionnement technique furent ensuite extrêmement rapides, faisant de l'aviation une industrie économique importante dès la première moitié du XXe siècle. La course à la construction d'avions toujours plus performants était lancée. Pendant longtemps, le progrès technique a été poussé par les intérêts militaires s'ajoutant aux avantages civils. Les configurations des avions sont devenues de plus en plus diverses et une grande variété de matériaux et de principes de construction ont été testés.

Le premier vol du « de Havilland DH 106 Comet » britannique en 1949 a marqué le début de l'ère des avions de ligne à propulsion par réaction et produits en série, point de départ de l'industrie aéronautique telle que la nous connaissons encore aujourd'hui.

Dix-neuf ans plus tard, cette course à la vitesse atteignait son apogée. Le « Tupolev Tu-144 » soviétique a été le premier avion de passagers à franchir le mur du son, deux mois avant le « Concorde » beaucoup plus célèbre, qui a pris son envol pour la première fois le 2 mars 1969. En raison du prix élevé des billets, seul un nombre restreint de passagers aisés ont eu la chance de voyager à son bord, jusqu'à l'interruption de son utilisation en 2003.

Cette même année 1969, un autre appareil fit la une des journaux : avec son « 747 », le constructeur américain Boeing introduisait son modèle à succès qui fut pendant longtemps le plus grand avion de passagers au monde. Il est équipé de quatre moteurs et de deux ponts de passagers et a été baptisé « Jumbojet » en référence au roi des éléphants. Jusqu'en 2005, le « Boeing 747 » est resté le gros-porteur des superlatifs, avant de devoir céder ce titre à son concurrent européen l'« Airbus A380 », à ce jour le plus grand avion de passagers jamais construit.

Aujourd'hui, les innovations techniques dans l'industrie aéronautique sont moins axées sur l'augmentation de la taille des avions, que sur la réduction de l'impact environnemental, la diminution du coût des billets, et l'optimisation de l'efficacité énergétique. Cependant, tant qu'aucune alternative viable et sûre à la propulsion par réaction n'est découverte, la solution immédiate consiste à moderniser la flotte d'avions existante notamment avec l'installation de moteurs de dernière génération dont les émissions polluantes sont fortement réduites. Pour favoriser ces investissements, des restrictions, voire des interdictions de vol s'appliquent aux anciens types d'avions dans certains aéroports. N'oublions pas que tous ces efforts contribuent à réduire les émissions excessives de CO_2, qui sont en partie responsables du réchauffement rapide du climat.

Afin de permettre à leurs passagers d'évaluer leur empreinte carbone et l'impact écologique de leur voyage, de plus en plus de compagnies aériennes proposent également un calculateur d'émissions basé sur la consommation précise de leur vol. Il est évident cependant que de nouvelles idées et de nouveaux concepts seront nécessaires pour permettre aux générations futures de continuer à s'envoler vers toutes les régions de notre planète sans la mettre en péril, et constituent l'un des défis majeurs auxquels travaille l'Aviation de transport d'aujourd'hui.

Au-dessus des nuages, la Liberté

Le trafic aérien est dense, il n'y a guère d'endroit dans le monde qui ne soit pas accessible par des vols directs ou avec escale. De nos jours, un voyage en avion ou en hélicoptère est possible même dans les régions les plus éloignées.

Pour que ce réseau fonctionne partout, la communauté internationale a établi les « Règles de l'Air », base juridique fixant les règles du franchissement des frontières nationales. Quelles sont celles applicables aux vols dans un espace aérien étranger ?

En général, l'utilisation de l'espace aérien est libre, sauf si la législation locale en décide autrement. Le droit international de survol peut être limité ou interdit à tout moment dans certaines zones par un état souverain pour des raisons de sécurité.

Un espace aérien potentiellement dangereux pour les avions en approche est appelé zone D (*danger area* en anglais). Dans la plupart des cas, des manœuvres militaires, telles que les exercices de combat aérien, sont à l'origine de cette restriction. Cependant, comme elles ne concernent qu'un volume restreint, elles peuvent généralement être contournées ou survolées sans problème.

Des zones réglementées R (*restricted areas* en anglais) sont établies pour protéger le trafic aérien ou les installations au sol. La traversée de ces zones est soumise à certaines conditions. Il peut s'agir du respect d'une altitude minimale de vol ou d'une limitation temporaire d'utilisation. Il est ainsi plus facile de protéger des structures spéciales telles que les centrales nucléaires ou les installations religieuses ou touristiques.

Afin d'exclure complètement le trafic aérien civil, il est possible de définir des zones interdites P (*prohibited areas* en anglais). En cas de conflit armé, l'espace aérien de certaines zones peut être fermé en permanence. Dans le cas d'une réception officielle avec des hommes d'États ou d'un événement de même nature, elles ne sont généralement que temporaires. Dans certains pays, cependant, il est difficile de faire la différence entre une zone réglementée et une zone interdite. Dans les deux cas, l'entrée et le survol peuvent être strictement interdits.

L'espace aérien étant indépendant de la propriété au sol, un particulier n'a pas le pouvoir d'empêcher que des avions survolent son habitation. Cependant, conscient des nuisances sonores générée par le trafic aérien, de nombreuses procédures contraignantes sont appliquées pour tenter de les limiter au maximum aux abords des aéroports ou des agglomérations : trajectoires spécifiques, ou approches sous pente forte par exemple.

Décalage horaire : le jet-lag

Lors d'un vol long-courrier, après plusieurs heures de vol, vous êtes non seulement dans un autre pays, mais également dans un autre fuseau horaire. La période du jour à destination ne correspond pas du tout à l'heure qu'il est dans votre pays de départ, et sur laquelle est toujours calée l'horloge interne de votre corps.

Les vols en direction de l'est sont généralement perçus comme plus désagréables. Cela est dû au mouvement de rotation de la Terre, qui tourne également vers l'est, raccourcissant ainsi la journée (il est plus tard à destination qu'au point de départ). Pour les vols qui commencent tard dans la soirée ou la nuit, les heures d'obscurité diminuent considérablement, entraînant un manque de sommeil.

Inversement, lorsque l'on vole d'Europe vers les États-Unis, la journée « gagne » des heures. Avec un vol vers l'ouest, la lumière du jour est disponible plus longtemps, et on s'y habitue en général plus facilement.

Ces changements rapides de fuseau horaire sont difficilement supportables pour l'organisme, car le rythme interne habituel veille/sommeil se retrouve parfois en décalage très important. Les conséquences peuvent être de la fatigue, des troubles du sommeil, une perte d'appétit ainsi que des sautes d'humeur et des douleurs physiques. Notre appareil digestif est particulièrement sensible. Il est adapté au fuseau horaire de notre pays d'origine et fonctionne en conséquence. L'estomac et les intestins ont besoin d'un certain temps pour s'habituer au nouveau rythme. En règle générale, pour chaque fuseau horaire traversé, le corps a besoin d'une journée pour s'adapter. Ainsi, si vous vous envolez de Dubaï, aux Émirats arabes unis, pour Kuala Lumpur en Malaisie et que vous traversez quatre fuseaux horaires, vous pouvez vous attendre à quatre jours d'adaptation.

La sensibilité au Jet-lag est propre à chacun, sans qu'aucune relation claire avec l'âge ou l'état de santé ne soit établie. Les bébés sont une exception : comme leur horloge interne est encore en développement, un rythme jour/nuit n'a pas encore été établi pendant les premières semaines de vie.

Comment atténuer les effets du jet-lag ?

D'un point de vue biologique, le jet-lag ne peut être entièrement évité. Cependant, il existe certaines stratégies permettant d'en atténuer les effets et d'améliorer votre bien-être. Après un vol long-courrier, tout voyageur est épuisé. La longue inactivité physique dans l'avion et le changement de fuseau horaire ont un effet stressant sur le corps. Il faut donc prévoir un repos suffisant le jour de l'arrivée. Néanmoins, il est conseillé de s'adapter à la nouvelle heure locale le plus rapidement possible.

Les exercices de relaxation aident le corps à évacuer le stress de la journée et à entrer en mode de repos. Une musique agréable, un livre facile à lire ou un bain chaud avant d'aller au lit peuvent favoriser cet effet. Veillez également à ce que le climat de votre chambre soit optimal et assombrissez-la pour aider votre corps à s'adapter à ce nouveau rythme et favoriser un sommeil réparateur. Rangez hors de vue dans une autre pièce les objets qui vous rappellent votre travail, ainsi que les appareils électroniques. Si vous n'arrivez toujours pas à vous endormir, une promenade peut vous aider.

Dans un nouveau fuseau horaire, l'idéal est de se lever à la même heure chaque jour. Cela permet de fixer un rythme quotidien et d'aider l'organisme à s'adapter. Il est également conseillé d'éviter toute habitude stressante supplémentaire pendant la période d'adaptation, comme manger des aliments riches en graisses et en sucre, boire de l'alcool et fumer des cigarettes.
Les voyageurs en déplacement professionnel ne disposent généralement que d'un temps d'adaptation très court une fois dans le pays de destination. Les rendez-vous d'affaires sont souvent fixés immédiatement après l'arrivée. Il est possible de lutter contre la

fatigue grâce à une petite astuce qui n'a qu'un effet temporaire. Le rythme du jour et de la nuit est contrôlé, entre autres, par l'hormone mélatonine, qui est produite par le corps lorsque l'obscurité tombe. La sensation de fatigue en est la conséquence. La lumière, en revanche, inhibe la production de l'hormone du sommeil. Par conséquent, si vous avez un rendez-vous important immédiatement après votre arrivée et que vous n'avez pas le temps de vous reposer, passez le plus de temps possible au soleil pour reprendre des forces.

Avec l'âge, l'organisme produit moins de mélatonine et le besoin de sommeil diminue. Par conséquent, les voyageurs âgés peuvent déjà réduire le stress lié au jet-lag en se relaxant, même sans longues périodes de sommeil profond.

Il peut être judicieux de maintenir votre rythme habituel si votre voyage ne dépasse pas une durée de trois jours, afin d'éviter un jet-lag une fois de retour chez vous. Si cela n'est pas possible, des périodes de repos et de détente plus longues peuvent également contribuer à atténuer les effets du jet-lag.

Le menu à bord (pour les chanceux !)

Pour une grande partie des passagers, la restauration à bord est un aspect important du voyage aérien. Le service de restauration et de boissons s'appuie sur une longue tradition dans les transports aériens. Dans les premiers temps de l'aviation commerciale, lorsque l'avion n'était pas encore un moyen de transport de masse, le repas participait au luxe que représentait le fait de voler. Cela renforçait en même temps les sentiments de fiabilité et de sécurité à bord : comment un voyage en avion pourrait-il être dangereux alors qu'une chose aussi banale que prendre son repas y était possible ? Cette idée reste valable aujourd'hui. Manger permet d'oublier les craintes et les soucis, et augmente également le bien-être et la satisfaction personnelle.

D'un point de vue médical, l'importance de la restauration en vol va au-delà de la simple sensation naturelle de soif et de faim. Plus un vol dure longtemps, plus le risque de souffrir d'un manque de fluides est élevé. L'air sec à bord provoque une déshydratation plus rapide qu'au sol.
Le manque de nourriture n'est pas non plus sans poser de problèmes. En combinaison avec les turbulences, le bien-être physique se détériore rapidement. Si le taux de glycémie baisse, cela peut provoquer, entre autres, des sueurs, des fringales ou un manque de concentration. Tout cela pourrait entraîner une augmentation du niveau de stress ou même une certaine agressivité chez certains voyageurs. Ce qui n'est vraiment pas souhaitable à bord d'un avion.

Même sur les vols de courte durée, de nombreux passagers veulent un repas. Mais sur les vols court-courriers, vous serez déjà chanceux de vous voir proposer un petit en-cas. Selon la compagnie aérienne et la catégorie de siège choisie, ceux-ci peuvent être soit inclus dans le tarif, soit achetés moyennant un supplément. Ce n'est que sur les vols long-courriers qu'il est courant d'inclure des menus complets dans le prix du billet.

Certaines compagnies aériennes s'efforcent de fournir un service particulièrement bon à bord. Après tout, la restauration en vol est l'un des rares éléments qui permettent aux voyageurs de comparer les compagnies concurrentes. Un passager ne peut pas évaluer la qualité de l'entretien d'un avion. Mais il sait apprécier un bon repas, servi par une hôtesse de l'air souriante et sympathique.

L'effort logistique nécessaire à la restauration à bord d'un avion est considérable. Les aliments sont préparés dans de grandes cuisines industrielles puis congelés ou conditionnés pour un transport immédiat. Outre les repas principaux tels que le petit-déjeuner, le déjeuner et le dîner, l'offre comprend également divers en-cas. Il existe des différences considérables dans le choix des repas pour les clients de la classe économique, de la classe affaires ou de la première classe. Certaines Compagnies proposent en option leurs propres menus pour enfants.

Les compagnies aériennes ont le droit de décider seules de ce qu'elles servent à bord. Pour ce faire, elles sélectionnent généralement les menus ayant le plus de chance de plaire à la grande majorité des passagers parmi la vaste gamme d'offres des entreprises de restauration, incluant le plus souvent des options végétariennes ou véganes. Les restrictions alimentaires pour cause religieuse peuvent également être prises en compte sur demande. Quels que soient les aliments que les compagnies aériennes décident de servir, les repas à l'odeur potentiellement incommodante sont généralement évités.

Avant le départ, les chariots (*trolleys* en anglais) sont remplis et triés au sol. L'ensemble du contenu est compté et vérifié. Il n'y a ni le temps ni l'espace nécessaire pour cela dans l'avion. Des programmes informatiques contrôlent le processus et veillent à ce que tout se passe bien tout au long de la chaîne d'approvisionnement. Des véhicules spéciaux transportent tout ce qui touche à la restauration dans l'avion via une plate-forme de levage, les plats sont ensuite rangés dans la cuisine.

L'heure du repas arrivée, l'équipage réchauffe les plats préparés dans des fours et les place sur le chariot de service. Ces derniers préparatifs sont faits le plus rapidement possible, car personne n'aime attendre longtemps alors que les autres passagers sont déjà servis. Le personnel de cabine sert la nourriture et les boissons selon une procédure établie, les tâches ayant été réparties au préalable.

Les règles alimentaires de l'équipage

L'équipage d'un avion travaille par roulement, ce qui signifie qu'il n'y a pas de routine quotidienne régulière et donc pas d'heures de repas fixes. Pour rester en bonne santé, il est néanmoins essentiel d'adopter une approche responsable des aliments gras, sucrés et riches en calories. La santé de l'équipage est primordiale pour pouvoir faire face aux exigences physiques du vol. En fin de compte, l'aptitude à voler dépend aussi de l'alimentation et des habitudes alimentaires, et chaque membre d'équipage en est pleinement conscient.

Par ailleurs, pour minimiser le risque d'intoxication alimentaire, le personnel navigant et les pilotes ont pour consigne de ne pas manger de viandes ou de poissons crus. De même, lorsqu'un repas en vol est prévu pour l'équipage, les pilotes ont impérativement un menu différent : bien que les ingrédients avariés soient extrêmement rares dans les entreprises de restauration, si un pilote venait à tomber malade à cause de son repas, l'autre devrait être en mesure d'assurer seul la bonne exécution du vol et, si nécessaire, faire atterrir l'avion à destination.

Divertissement en altitude

Divertir les passagers au moyen d'offres multimédia diverses est plus qu'un simple service fourni par les compagnies aériennes. Bien que la plupart des voyageurs s'attendent désormais à recevoir l'équipement nécessaire, cette décision est également motivée par des considérations psychologiques et sociologiques. Le mauvais comportement même d'un seul passager peut avoir des conséquences désagréables pour lui comme pour les autres. Plus le vol est long, plus ce danger potentiel est considéré comme élevé. C'est pourquoi il appartient aux compagnies aériennes de ne pas laisser l'ennui s'installer.

En 1921, la compagnie aérienne américaine « Aeromarine Airways » a été la première à montrer un film dans son hydravion. Onze ans plus tard, une émission de télévision a été diffusée pour la première fois à bord d'un avion de la compagnie californienne « Western Airlines ». De nombreuses années se sont écoulées avant que les casques audios ne se retrouvent dans les avions en 1963. Les premiers jeux vidéo en 1975, puis les systèmes audios individuels en 1985 ont constitué d'autres étapes importantes. Les premiers systèmes de divertissement vidéo embarqués ont été introduits en 1988. En 2003, la compagnie aérienne allemande « Lufthansa » a offert pour la première fois au monde une connexion Internet à haut débit pendant un vol long-courrier, créant ainsi une nouvelle tendance.

En plus des services de divertissement classiques, certaines compagnies aériennes proposent un système appelé *Moving Map System* qui fournit des informations détaillées sur le déroulement du vol et permet aux passagers de suivre la navigation. Afin d'obtenir un affichage en temps réel, les données nécessaires sont extraites de l'ordinateur de navigation de l'avion. Outre la position actuelle, l'écran permet de suivre des informations sur l'itinéraire, la durée du vol, la température extérieure, ainsi que l'altitude et la vitesse de l'appareil.

Pour l'industrie aéronautique, ce large éventail d'options de divertissement implique toujours un compromis entre un service apportant une bonne publicité et des coûts d'installation et d'acquisition élevés. L'utilisation ininterrompue de l'électronique implique également une maintenance et des renouvellements réguliers, ce qui exige des ressources supplémentaires en termes de personnel.

Le b.a.-ba des unités de mesures

Dans de nombreux domaines de la science, de l'économie et de la technologie, on utilise les unités de mesure internationales. Pour que chacun parle le même langage et pour éviter des conversions fastidieuses, il a été convenu d'une standardisation. Le standard le plus utilisé est le Système international d'unités (SI), qui définit les paramètres de base du système métrique. Bien que l'Organisation de l'aviation civile internationale (OACI) ait recommandé ce système d'unités pour une utilisation mondiale, il n'a pas pu s'imposer dans l'aviation. Au lieu de cela, différentes unités de mesure sont utilisées, dont certaines diffèrent d'un pays à l'autre. Attention, cela peut être un peu déroutant !

L'altimètre peut utiliser deux unités différentes de pression barométrique pour son calage : *l'hectopascal* (hPa), qui est utilisé presque partout dans le monde, ou *le pouce de mercure* (inHg), qui est surtout utilisé aux États-Unis et au Canada. Cependant, lorsqu'il s'agit de la pression d'air d'un pneu d'avion, aucune de ces unités n'est utilisée. On se sert plutôt de la livre-force *par pouce carré* (psi).

En Chine et en Russie, la vitesse du vent est donnée aux pilotes en *mètres par seconde* (m/s). Dans le reste du monde, cependant, l'indication en *nœuds* (kn ou kt) est plus courante. C'est également l'unité utilisée comme paramètre pour la vitesse des avions commerciaux. Les petits avions (à hélices), comme les avions de sport, ont souvent un affichage supplémentaire en *miles par heure* (mph). Certains planeurs, en revanche, affichent des *kilomètres par heure* (km/h).

A l'international, l'unité de hauteur ou d'altitude est *le pied* (ft), mais la Chine préfère suivre le système métrique. C'est pourquoi ils volent en *mètres* (m). Et même dans les pays où le pied est utilisé comme unité, la visibilité au sol est encore parfois donnée en mètres.

Cette complexité se retrouve dans l'expression des quantités de carburant. Selon le type d'avion, le pays dans lequel il fait le plein et les procédures propres à chaque compagnie aérienne, on utilise plusieurs valeurs de référence telles que *le gallon américain* (gal), *la livre* (lb), *le litre* (l) et *le kilogramme* (kg). Par conséquent, un instrument du cockpit peut indiquer la quantité de carburant à bord dans une unité, la quantité de carburant dont il est en train de faire le plein est notée dans une autre unité et la facturation peut se faire sur la base d'une troisième unité.

Il existe toutefois un accord sur *le temps universel coordonné* (UTC), dont le point de départ local se trouve dans le quartier londonien de Greenwich. Les fuseaux horaires en sont dérivés pour calculer les décalages horaires.

Navigation & cockpit

✓

Points de cheminement et voies aériennes

Aux débuts de l'aviation, les vols s'effectuaient à vue. On utilisait pour déterminer sa position montagnes, points remarquables du paysage, lacs, rivières, ainsi que les étoiles. De nos jours, les équipements de navigation inertielle mesurent et intègrent diverses données telles que les rotations angulaires et les accélérations et, assisté du *système mondial de positionnement par satellites* (GNSS), calculent la position exacte de l'appareil en temps réel.

Ces systèmes permettent de calculer exactement à quel moment un point sera survolé à une certaine altitude le long de la route. Cette précision garantit un vol sûr et précis même lorsque la visibilité extérieure est limitée par le mauvais temps ou l'obscurité. Vous pouvez souvent suivre les données déterminées par les ordinateurs de navigation sous une forme simplifiée sur les moniteurs vidéo dans l'avion.

Partout dans l'espace aérien sont définis des points de cheminement, des voies aériennes, des intersections et même des sens uniques. Un avion commercial n'évolue donc pas à sa guise, mais suit des itinéraires fixes. Imaginez cela comme un réseau routier tridimensionnel réparti sur plusieurs niveaux. Au cours de son voyage, l'avion traverse différents espaces aériens, dont les règles peuvent varier. Par exemple, l'une de ces règles pourrait être qu'une zone ne peut être utilisée que par des avions commerciaux, mais pas par des avions de sport. Les différents secteurs sont coordonnés et contrôlés par les contrôleurs aériens. Ils assument la responsabilité de tous les aéronefs qui volent dans leur espace aérien respectif.
A l'instar du réseau de circulation au sol, les voies aériennes ont différents points d'entrée et de sortie avec des noms qui leur sont

propres. Habituellement, ces noms contiennent cinq lettres et sont généralement choisis en fonction de points de référence géographiques tels que les villes, les montagnes ou les lacs. Cependant, les lettres peuvent également donner lieu à une désignation entièrement inventée mais facilement compréhensible dans les radiocommunications aéronautiques.

Dans l'État fédéral américain de Floride, l'aéroport international d'Orlando est connu pour choisir des noms associés aux parcs d'attractions situés à proximité. Des points de cheminement tels que MINEE, ALADN et BUGGZ se trouvent dans la zone d'approche. Ils font référence aux personnages fictifs de *Minnie Mouse*, *Aladdin* et *Bugs Bunny*. Le point de repère CWRLD attire l'attention sur le tout aussi célèbre parc océanique *Seaworld*. Toutefois, ces noms accrocheurs tendent à être l'exception en tant que points de navigation. Ils remplissent leur fonction et évitent la confusion avec des points de cheminement similaires en raison de leur caractère unique.

Le virage

L'horizon artificiel est le principal instrument de vol pour déterminer une attitude dans un espace tridimensionnel et effectuer des manœuvres de vol horizontales et verticales précises.

Par rapport à l'axe longitudinal de l'avion, il indique l'angle d'inclinaison dans un virage, qui est mesuré en degrés. Les virages standards sont effectués avec un angle d'inclinaison d'environ 25 à 33 degrés, quelque soit le segment de vol, montée, croisière, descente ou atterrissage.

Les avions de ligne modernes bénéficient de protections avertissant l'équipage lorsqu'une inclinaison au-delà des valeurs normales est détectée. Il reste cependant possible pour le pilote de dépasser ces valeurs si une situation spécifique le rendait nécessaire. D'un point de vue technique et aérodynamique, des inclinaisons fortes, de plus de 45°, sont en effet tout à fait possibles, mais à éviter impérativement ne serait-ce que parce qu'extrêmement inconfortables pour les passagers.

L'agencement du cockpit

Peut-être avez-vous déjà pu jeter un œil à l'intérieur du cockpit lors de l'embarquement ou du débarquement. La multitude de boutons, de molettes et de leviers colorés et apparemment disposés au hasard vous a même peut-être surpris ? Pourtant, le cockpit en tant que lieu de travail, est bien pensé et relativement standardisé sur les avions modernes. Les pilotes désignent souvent avec affection le poste de pilotage comme leur « bureau face au soleil ».

Sur le tableau de commande central (*pedestal* en anglais), entre les pilotes, se trouvent le bloc de manette des gaz, l'interrupteur permettant de sortir et de rentrer les volets d'atterrissage ainsi qu'une partie de l'équipement radio et de navigation. L'ordinateur de bord, indispensable à la préparation des vols (par exemple pour la programmation de la trajectoire de vol) se trouve également ici.

Directement devant les pilotes se trouvent plusieurs écrans qui affichent, entre autres, l'assiette de l'avion et les limites de fonctionnement. Pour des raisons de sécurité, les deux pilotes disposent d'informations identiques sur leurs écrans pour surveiller la direction, la vitesse et l'altitude du vol. Cela inclut l'instrument de base du pilote : l'horizon artificiel. Sans cet instrument, il serait impossible de voler dans l'obscurité ou dans de mauvaises conditions de visibilité, dès lors que l'horizon naturel ne serait plus disponible.

Le radar météorologique détecte d'éventuels orages le long de la route. Le dispositif d'alerte de collision, détecte quant à lui les avions à proximité et alerte l'équipage en cas de trajectoire conflictuelle. Le manche à balai est légèrement différent dans chaque type d'avion et se trouve soit directement devant chaque pilote, soit sous la forme d'un « Sidestick ».

Les commandes des systèmes électrique, carburant, éclairage (intérieur/extérieur), dégivrage, ou protection incendie, sont situées sur le panneau supérieur avec chacun une symbolique dédiée. Cela permet d'éviter la confusion, notamment lors des phases de vol stressantes. En outre, l'intensité lumineuse peut être ajustée pour les vols au crépuscule ou de nuit.

Tous les instruments principaux sont doublés voire triplés, de sorte que si l'un d'entre eux venait à tomber en panne, l'équipage ne perdrait pas d'information critique. La gestion de ce type de situation fait l'objet d'entraînements réguliers au simulateur.

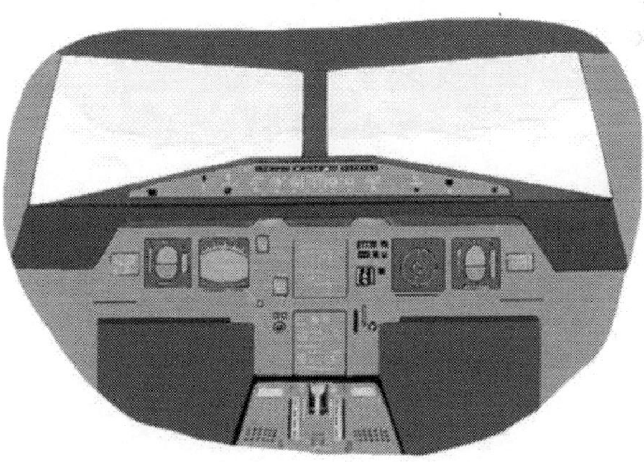

À quoi sert le pilote automatique ?

De nombreux passagers sont d'avis que l'équipage du cockpit se contente aujourd'hui d'allumer le pilote automatique avant de s'installer confortablement et de se tourner les pouces pendant le reste du vol. Bien sûr, ce n'est pas si simple, même si ce dispositif technique permet un vol plus détendu.

Le pilote automatique est avant tout un système de contrôle automatique pour soulager les pilotes lors des procédures de routine. Il est utilisé, entre autres, pour atteindre et maintenir l'altitude de croisière exacte. Il effectue également des tâches de navigation comme suivre des itinéraires de vol préétablis qui doivent être constamment surveillés et reprogrammés si nécessaire. Les points de cheminements saisis peuvent changer si, par exemple, les contrôleurs aériens autorisent des raccourcis ou ordonnent des changements de direction.

Dans le cockpit, les pilotes sont toujours prêts à prendre les commandes et à désactiver le pilote automatique si besoin est. Après tout, ce système technique ne peut ni suivre les instructions des contrôleurs aériens, ni évaluer les conditions météorologiques, ni prendre les décisions nécessaires. Cependant, le pilote automatique est particulièrement utile pour diminuer la charge de travail dans les phases de vol où les deux pilotes doivent se concentrer pleinement, par exemple pendant l'approche à l'atterrissage ou dans de mauvaises conditions météorologiques.

Qu'est-ce qu'un jumpseat ?

Dans un avion de ligne, il y a plusieurs strapontins, généralement situés aux entrées/sorties, et destinés au personnel de cabine. Connus dans le jargon professionnel sous le nom de « jumpseat », leur agencement les rend faciles à identifier et à distinguer des sièges réservés aux passagers.

Comme ils ne sont pas conçus pour être utilisés comme sièges permanents, le niveau de confort n'est pas particulièrement élevé. Généralement, ces sièges sont employés au décollage et à l'atterrissage, ainsi que lors de turbulences plus fortes, pour assurer la sécurité du personnel.

Selon le type de machine, on trouve également un ou plusieurs « jumpseats » dans le cockpit. Depuis ce strapontin, on a une vue optimale sur tous les instruments et on peut facilement regarder par-dessus les épaules des deux pilotes pendant qu'ils travaillent. Ce siège d'observation dans le cockpit est occupé par un membre d'équipage supplémentaire si nécessaire. Des personnes extérieures à la Compagnie peuvent être exceptionnellement autorisées par les pilotes à l'utiliser.

Ce strapontin a toujours été l'un des sièges les plus convoités de l'avion et fait rêver plus d'un fan d'aviation. Comme le « jumpseat » dans le cockpit ne peut pas être réservé, il reste malheureusement hors d'atteinte pour la plupart des passagers.

Météo & turbulences

✓

La direction du vent au décollage et à l'atterrissage

Si la configuration géographique de l'aéroport le permet, les pistes sont disposées dans le sens du vent dominant. Une piste peut être utilisée dans les deux sens pendant les opérations de vol. Elle est désignée par un nombre en fonction de son orientation magnétique. La désignation de piste « 09 » indique une piste en direction de l'est, puisque l'est se trouve à un angle de 090 degrés par rapport au nord sur la rose des vents de 360 degrés. Le zéro suivant est simplement omis de la désignation. Les deux chiffres sont peints de manière lisible sur l'asphalte au début de la piste.

La direction qui sera en pratique utilisée pour le décollage et l'atterrissage dépend de la direction du vent à ce moment là. Cela peut changer plusieurs fois au cours de la journée. Pour des raisons de sécurité, aucune piste ne peut être utilisée si elle est encore occupée par un autre avion. En outre, les avions à l'arrivée et au départ doivent utiliser la même direction de piste.

Dans la mesure du possible, l'atterrissage et le décollage se font face au vent pour des raisons aérodynamiques : le vent de face assure une portance plus rapide sur les ailes, ce qui signifie que l'avion a besoin d'une distance plus courte s'envoler. Le vent de face est également avantageux à l'atterrissage, car il réduit la vitesse/sol et raccourcit la distance de freinage de l'avion.

La longueur et la largeur des pistes dépendent de l'utilisation prévue de l'aéroport. Par rapport aux avions plus petits et plus légers type court et moyen-courrier, les avions long-courriers beaucoup plus lourds nécessitent une piste plus longue en raison de leur masse élevée au décollage. La vitesse à laquelle l'avion doit décoller ou atterrir est calculée avant chaque vol.

Si la force du vent dépasse les limites de fonctionnement autorisées de l'avion au décollage, la seule option est souvent d'attendre patiemment de meilleures conditions météorologiques. De même des circuits d'attente (*holdings* en anglais) permettent de retarder un atterrissage au besoin. Si l'amélioration attendue des conditions météorologiques ne se concrétise pas, l'avion doit se rendre à l'aéroport de déroutement le plus proche.

Qu'est-ce qu'un trou d'air ?

Le terme « trou d'air » n'existe que dans le langage courant et est un peu trompeur. Tout comme les océans, les lacs et les rivières n'ont pas de « trous d'eau », l'air n'a pas de trous non plus. Même si nous ne pouvons pas le voir, l'air nous entoure de manière uniforme à toutes les altitudes.

La descente abrupte de l'avion pendant un vol turbulent peut néanmoins donner l'impression que l'avion plonge dans une sorte de trou. Ces changements d'altitude soudains ont plusieurs causes. Des courants verticaux peuvent faire brusquement monter ou descendre l'avion pendant une courte période. Les variations brutales de vent, latéralement ou de face, causent également des turbulences. Les gouvernes de l'avion permettent spécifiquement de compenser ou atténuer certains de ces effets.

Chaque avion a une vitesse maximale définie par le constructeur pour voler en atmosphère turbulente. Dès que celles-ci deviennent plus violentes, la vitesse de croisière est ajustée en conséquence. Cependant, la différence est si faible que vous ne pouvez pas la remarquer. Seuls les moteurs deviennent un peu plus silencieux pendant un court instant.

Ces secousses et turbulences, bien que quelque peu désagréables pour les passagers qui n'y sont habitués, sont totalement anodins et ne représentent aucun danger pour l'avion ou ses occupants.

Coup de foudre

Un avion de ligne est frappé par la foudre plusieurs fois au cours de sa carrière. Cela reste néanmoins un évènement très rare ramené au nombre de vols effectués, et il n'y a donc que très peu de chance que vous y soyez confronté. Mais d'ailleurs, d'où vient la foudre ?

Les nuages d'orage contiennent des gouttelettes d'eau et des cristaux de glace que le vent frotte les uns contre les autres, créant ainsi une importante charge électrique. Les cristaux de glace plus légers dans la partie supérieure du nuage se chargent positivement, les gouttelettes d'eau plus lourdes se chargent négativement. Si la différence de tension entre les deux pôles est suffisamment importante, l'énergie se décharge sous forme de foudre. Les particules conductrices telles que les particules de poussière et les impuretés dans l'air favorisent la décharge électrique. L'air, qui est fortement chauffé par la foudre, se dilate de manière explosive et franchit le mur du son, provoquant sa signature sonore : le tonnerre.

La foudre et le tonnerre sont toujours simultanés. Cependant, comme la lumière se propage plus vite que le son, nous percevons d'abord la foudre. On peut ainsi estimer facilement la distance approximative d'un orage car chaque seconde qui s'écoule entre les deux phénomènes correspond à une distance d'environ 330 mètres (1 100 pieds). Ainsi, si le tonnerre se fait entendre dix secondes après l'éclair, vous êtes à plus de trois kilomètres (deux miles) de l'orage.

Tout comme les voitures, les avions sont d'excellents paratonnerres grâce à leur structure métallique. Le fuselage est une coquille entièrement fermée formant une « cage de Faraday » qui protège des charges électriques. Si la foudre frappe l'enveloppe extérieure, elle est conduite autour de l'avion et ressort en un autre point de la surface. Seules les parties saillantes, telles que les antennes ou les lampes fixées au fuselage, risquent d'être endommagées. Cela n'a aucun effet sur la sécurité du vol et encore moins sur le bien-être des passagers.

Une fois au sol, un avion ayant été frappé par la foudre est contrôlé avant d'être autorisé à s'envoler à nouveau. Par précautions, les pilotes et les experts techniques examinent le point d'entrée exact de la foudre et vérifient l'absence de dommages aux équipements embarqués. Peu de temps après, l'avion peut poursuivre son voyage sans encombre.

Orages et Aéronautique

On estime qu'en moyenne 1 000 orages éclatent chaque jour, répartis sur toute la planète. Seulement un pour cent de toutes ces activités orageuses est classé comme sévère. En principe, ils peuvent se produire n'importe où, mais les orages se rencontrent plus fréquemment dans les régions chaudes et à proximité des montagnes et des côtes. Bien que non critique, il reste néanmoins un phénomène pris très au sérieux, tant par les Compagnies que par les services météorologiques qui font un excellent travail pour aider le personnel navigant à voler en toute sécurité.

Bien que le vol à travers les zones de mauvais temps soit généralement évité, il n'est pas toujours possible de les contourner entièrement. Les pilotes décident à quelle distance de l'orage ils peuvent voler en se basant sur les images du radar météorologique de bord. À l'aide de la représentation colorée des gouttes d'eau dans la trajectoire de vol, il est possible d'évaluer la probabilité de formation d'une nouvelle cellule orageuse.

La zone où se situe l'orage est indiquée en rouge sur le radar. Les zones périphériques sont jaunes ou vertes selon la taille et l'intensité de l'orage. Lors de gros orages, les zones vertes et jaunes à l'écran sont plutôt étroites, la zone rouge est dominante. Dans ce cas, aucune des zones de couleur n'est adaptée au vol. Par contre, lors d'orages moins violents les zones vertes et jaunes sont beaucoup plus étendues. Dans un tel cas, on peut envisager de voler dans la zone verte en toute sécurité.

Si plusieurs orages sont proches l'un de l'autre, de fortes turbulences sont générées lors du survol. Ces secousses peuvent être très inconfortables et provoquer l'anxiété des passagers. Bien que les turbulences ne puissent souvent pas être évitées, vous serez peut-être rassuré la prochaine fois sachant qu'elles ne dureront pas longtemps et que les pilotes n'entreraient jamais dans la partie dangereuse d'une cellule orageuse.

En revanche, les nuages d'orage isolés, souvent entourés de zones de beau temps, sont beaucoup plus faciles à éviter. Ils ont une vitesse intrinsèque très lente et ont donc besoin d'un temps proportionnellement long pour changer de lieu. Les avions peuvent ainsi fuir le mauvais temps.

Étant donné que même les orages mineurs peuvent présenter des dangers potentiels, tels que de fortes pluies et donc de l'aquaplanage sur la piste, de la grêle, des averses de neige, du givrage, une visibilité réduite et des rafales de vent, toute formation nuageuse à proximité doit être évaluée avant le décollage. Une règle empirique : plus l'éclair sort d'un nuage, plus l'activité orageuse est forte. La sécurité des vols est toujours une priorité absolue, c'est pourquoi les mauvaises conditions météorologiques sont une cause fréquente de retard.

Turbulences, attachez vos ceintures !

Les turbulences sont considérées comme la principale cause d'inquiétude et d'anxiété chez les voyageurs aériens. Si vous avez déjà fait la désagréable expérience de ces brusques déplacements verticaux et horizontaux, vous savez quelle sensation déplaisante ces mouvements peuvent provoquer. Mais les turbulences sont-elles vraiment dangereuses ?

Il n'est pas facile de décrire l'effet qu'une turbulence a sur les passagers. Chacun en ressent la force de façon très différente. Même les membres de l'équipage les évaluent différemment selon leur expérience. Néanmoins, les turbulences sont classées comme légères, modérées ou sévères selon leur intensité et leur gravité.

Par définition, en cas de turbulences légères, l'avion se met à trembler. Toutefois, les objets non sécurisés restent en place. Les turbulences modérées peuvent déjà suffire à faire glisser ou tomber ces objets. Pour protéger le personnel de cabine, le service à bord est interrompu au plus tard quand cette intensité est atteinte.

En cas de turbulences sévères, les objets non fixés peuvent se transformer en projectiles à l'intérieur de la cabine. En outre, notre sens de l'équilibre est mis à l'épreuve - il n'est pas rare d'éprouver des nausées à la suite des mouvements de bascule vers le haut et vers le bas. Des changements extrêmement brutaux de direction et d'altitude se produisent surtout lors de la traversée d'une zone de mauvais temps.

Cependant, de telles turbulences extrêmes ne se produisent que très rarement, de sorte que la grande majorité des voyageurs aériens n'ont jamais à faire face à cette situation désagréable. Les compagnies aériennes font beaucoup d'effort pour éviter à leurs clients de vivre de telles expériences négatives. Dès la phase de planification, en cas de besoin, les itinéraires de vol sont modifiés ou les départs sont retardés. Dans quelques cas extrêmement rares, un vol peut même être annulé si le confort des passagers risquait d'être trop compromis. Des mesures peuvent également être prises pendant le vol : les zones de fortes turbulences sont contournées, certaines altitudes de vol sont évitées et les pilotes recherchent si possible des couches d'air plus calmes.

L'une des principales causes de turbulences en basse altitude est liée au phénomène de « convection », notamment en période estivale. En raison d'un réchauffement inégal des masses d'air à proximité du sol selon la nature de ce dernier (terre, asphalte, roche, eau), des colonnes d'air chaud ascendant, plus léger, se forment. Leur traversée par l'avion provoque des turbulences sans danger qui rappellent fortement les montagnes russes… mais en beaucoup moins amusant.

Les turbulences dites en air clair (*clear air turbulences* en anglais), qui se produisent en relation avec les vents de haute altitude, sont plus sournoises. Rien ne permet d'anticiper ces vents à l'œil nu, et le radar météorologique n'y est d'aucune aide. Les turbulences en air clair se produisent à intervalles irréguliers aussi bien dans l'espace que dans le temps. Comme elles sont imprévisibles, il est impossible de prendre des mesures pour les éviter. Ces turbulences sont également la raison pour laquelle de nombreuses compagnies aériennes recommandent aux passagers de rester assis avec leur ceinture de sécurité attachée pendant tout le vol, même si le signal « attaché vos ceintures » a disparu.

Les turbulences peuvent sembler effrayantes, mais il n'y a pas lieu de s'inquiéter. Les avions peuvent résister à des forces énormes et sont soumis à des tests scrupuleux avant leur première mise en service. Par exemple, les ailes du « B787 » du constructeur américain Boeing, également connu sous le nom de « Dreamliner », ont résisté sans dommage à 150 % de la charge maximale prévue. Les extrémités des ailes ont été pliées vers le haut avec une force que l'on ne rencontre pas dans la réalité. Ni l'équipage ni les passagers de l'avion ne doivent donc craindre un tel bras de fer avec les forces de la nature.

Voler à haute altitude

Un avion commercial est construit pour voler à haute altitude, où il sera plus efficace, rentable et sûr. Les distances peuvent être parcourues plus rapidement et les zones de mauvais temps survolées plus facilement. L'altitude de croisière idéale est calculée avant chaque vol à l'aide de systèmes informatiques de pointe, de sorte que la meilleure altitude possible puisse être déterminée avec précision en fonction des conditions météorologiques du jour.

La trajectoire des vents forts de haute altitude, appelés *jet-streams*, est indiquée sur les cartes météorologiques. Les vents favorables sont souvent utilisés pour vous amener plus rapidement à destination. En fonction de leur force et de leur localisation, le temps de vol peut être raccourci, parfois considérablement, de façon naturelle. En outre, il est possible d'économiser de grandes quantités de carburant. Cependant, pénétrer dans ces vents de haute altitude ou en sortir est associé à des turbulences. Il est donc courant chez de nombreuses compagnies aériennes que l'équipage en informe brièvement les passagers via une annonce par haut-parleur.

La formation des traînées de condensation

Les traînées de condensation se forment à des températures inférieures à -40 degrés Celsius (-40 degrés Fahrenheit), ce qui permet d'identifier les avions volant à très haute altitude.

L'air chaud du moteur, qui contient de la vapeur d'eau et de minuscules particules de suie, se mélange à l'air ambiant plus frais. Cependant, l'air froid de haute altitude ne peut pas absorber la vapeur d'eau émise par les moteurs aussi bien que les couches d'air plus chaudes, de sorte que les gouttelettes d'eau se transforment en cristaux de glace en quelques secondes. Au sol et dans l'air, vous pouvez les voir sous forme de traînées de condensation dans le ciel.

La durée de vie de ces nuages gelés dépend principalement de l'humidité de l'air, ainsi que de la force du vent. Si l'air est sec, les gouttelettes d'eau s'évaporent rapidement, car une plus grande quantité d'humidité peut être absorbée jusqu'à saturation de l'air. Dans ce cas, les cristaux de glace ne sont visibles que pendant une courte période voire pas du tout.

En revanche, dans les masses d'air humide, ces nuages artificiels allongés peuvent être observés plus longtemps dans le ciel, l'air se comportant à la manière d'une éponge complètement trempée : l'eau qui ne peut plus être absorbée reste à l'extérieur de l'éponge.

Le petit nuage que vous créez en expirant par une froide journée d'hiver est ainsi la manifestation, à une échelle réduite certes, de ce même phénomène.

Hôtesses de l'air, stewards & pilotes

✓

Formation du personnel navigant commercial

La majorité des membres du personnel de cabine étant aujourd'hui constitué de femmes, il est difficile de croire que cette profession ait été un domaine exclusivement masculin à ses débuts. Pourtant en 1912, un Allemand nommé Heinrich Kubis a commencé son service en tant que premier agent de bord au monde. Ce n'est qu'en 1930, dix-huit ans plus tard, que l'américaine Ellen Church a pu se faire remarquer dans les livres d'histoire de l'aviation en tant que première femme employée à bord. Armée d'un désir irrépressible de voler, cette infirmière alors âgée de 25 ans a réussi à trouver un emploi à bord. Sa tâche consistait à aider les passagers anxieux pendant le vol. Peu de temps après, des hôtesses de l'air ont été employées dans le monde entier pour s'occuper des passagers.

Chaque compagnie aérienne peut en principe décider elle-même des exigences auxquelles le personnel de cabine doit répondre et des qualifications nécessaires. Les critères principaux du profil requis comprennent un âge minimum, une taille minimum, un diplôme de fin d'études, l'existence de tout permis de travail nécessaire, diverses compétences en langues étrangères et un passeport valide sans restriction. Des diplômes et des certificats plus spécifiques ainsi qu'un permis de conduire sont généralement également requis.
Une attitude professionnelle, de bonnes manières et un sens aigu du service sont tout aussi attendus qu'une apparence soignée et un comportement amical - après tout, les hôtesses de l'air et les stewards représentent la compagnie aérienne auprès des passagers. En quelques sortes, le port de l'uniforme transforme les employés en support publicitaire. Toute personne souhaitant exercer cette profession doit également être ouverte aux autres cultures et être capable de gérer les conflits et les problèmes de manière efficace.

Dans la plupart des cas, la première étape pour poser sa candidature consiste à remplir un formulaire (en ligne). Une première sélection est effectuée sur la base du CV et de la photo de candidature. Les Compagnies ont souvent recours à l'entretien téléphonique pour se faire une première impression. Les candidat(e)s convainquant(e)s sont ensuite invité(e)s à participer au processus de sélection en plusieurs étapes. Ici, une série de tests doit être passée. L'accent est mis sur les compétences de communication, la capacité à travailler en équipe, la convivialité et la langue anglaise.

Des questions ciblées permettent de déterminer la préparation du candidat. Les compagnies aériennes recherchent en particulier des candidats s'étant renseignés de manière approfondie au sujet du quotidien de la profession, faisant ainsi preuve d'une grande motivation. Avec un peu d'engagement, vous pouvez vous préparer dans une certaine mesure à ces tests et même vous entraîner à l'avance pour certains d'entre eux.

Une fois le processus de sélection passé avec succès, le candidat ou la candidate entame un cycle de formation spécifique. Le cours intensif ne dure qu'en moyenne six à huit semaines, mais est très exigeant. Au début, il aborde les basiques de l'aviation en général et les procédures d'opérations de vol. Le cours se compose ensuite de différents modules : droits et devoirs à bord, introduction à la météorologie aéronautique, performances humaines, premiers secours et mesures de sauvetage, et même des connaissances sur le transport de matières dangereuses.

Le domaine du travail en équipage y est traité de façon rigoureuse, ainsi que celui de la gestion des passagers. La fine frontière entre la politesse et l'affirmation de soi est enseignée et calibrée pendant la formation. En cas de problèmes ou de litiges entre passagers, il est essentiel de savoir adopter la bonne attitude et un entraînement particulier est donc dédié à la résolution de conflits, ainsi qu'à la médiation entre cultures différentes.

À bord, le personnel de cabine sert à ses clients des collations, des repas chauds ou des boissons, selon le niveau de service de la compagnie. Le passager tend ainsi à imaginer que c'est là la principale responsabilité du personnel de cabine, mais la formation est en réalité principalement axée sur des sujets liés à la sécurité.

Les membres de l'équipage de l'avion doivent rester calmes dans toutes les situations et être disponibles pour répondre à toutes sortes de questions. Ils veillent à ce que les passagers embarquent et débarquent de manière ordonnée, à ce que les bagages à main soient rangés en toute sécurité et à ce que chacun soit assis au bon endroit. Lors des annonces par haut-parleur, ils s'adressent aux passagers en leur donnant des informations sur le déroulement du vol, et ce dans plusieurs langues. Ils expliquent également l'emplacement et le fonctionnement de l'équipement de secours au début de chaque vol.

S'il est prévu de travailler dans différents types d'avions, les connaissances nécessaires doivent être acquises pour chaque modèle. Une partie de cette formation porte, entre autres, sur le comportement à adopter dans les situations d'urgence, l'entraînement à la natation, les mesures d'évacuation et l'extinction des incendies. Ces exercices sont répétés rigoureusement jusqu'à exécution parfaite. Pendant le cours et vers la fin de la formation, le contenu de l'apprentissage est testé à l'écrit et à l'oral.

Comme cette profession exige une bonne condition physique, un test d'aptitude aéro-médicale est également prérequis. Si le feu vert est donné, la porte s'ouvre sur une carrière au-dessus des nuages.

Le travail quotidien du personnel de cabine

Travailler au-dessus des nuages n'est certainement pas un métier comme les autres, et requiert un investissement personnel important. Derrière le désir professionnel de voler se cachent souvent des rêves et des aspirations d'enfant. En outre, le sentiment de liberté, l'épanouissement dans une profession socialement respectée et la possibilité de voyager sont les motivations classiques pour la poursuite de cette activité. Mais si vous flirtez avec l'idée d'adopter cette profession, pesez soigneusement le pour et le contre avant de vous lancer. Après tout, le travail en postes et les horaires irréguliers ne conviennent pas à tout le monde.

Un niveau élevé de responsabilité personnelle, l'environnement international et les avantages offerts sont en effet pour beaucoup un attrait. Les différents itinéraires de vol sur des lignes court, moyen ou long-courrier ne laissent aucune chance à la monotonie. En outre, le personnel navigant ne ramène pas de travail à la maison. Contrairement à d'autres professions, le personnel de cabine ne fait pas d'heures supplémentaires une fois chez lui.

Le public semble avoir cependant l'impression, totalement erronée, que l'équipage d'un avion est en vacances permanentes, toujours en route vers les plus belles régions. Mais les possibilités d'exercer des activités touristiques à l'étranger sont en pratique peu nombreuses. Toutes les compagnies aériennes ne planifient pas de découchés. Cela dépend du réseau d'itinéraires et du tableau de service. Même si du temps libre est donné à destination, il ne s'agit pas forcément d'une destination de rêve. Après tout, les compagnies aériennes desservent également des régions que vous ne choisiriez pas pour vos propres vacances.
De même, les quelques centaines d'heures de vol par an ne sont pas sans conséquences sur l'organisme en raison des horaires de travail irréguliers, et du changement permanent de fuseau horaire, surtout sur les vols long-courriers. Le rythme du sommeil peut être gravement perturbé. Les absences répétées lors des réunions familiales ou lors des activités communes du cercle d'amis peuvent mettre ces relations à rude épreuve. Cela s'applique, bien sûr, à tous les types de partenariats.

Le calendrier de service, généralement mensuel, décide des activités privées. Si vous avez des enfants sous votre responsabilité, vous êtes en plus dépendant d'une aide extérieure pendant votre absence. Toutefois, il faut noter que les conditions juridiques générales concernant la protection des salariés, et comprenant également des réglementations sur les temps de service et de repos fixes sont strictement respectées.

La taille de l'équipage en cabine dépend du nombre de places assises de l'avion. La réglementation prévoit un agent de bord pour cinquante sièges. Ainsi, dans un avion moyen-courrier de cent quatre-vingts passagers, quatre membres d'équipage travaillent en cabine. Une compagnie aérienne est bien entendu libre d'employer des personnes supplémentaires, par exemple à des fins de formation.

Selon la taille de la compagnie aérienne, il peut arriver que vous opériez chaque vol au sein d'une équipe différente. Ce changement constant de l'équipage ne laisse aucune place aux méthodes de travail individuelles. Toutes les tâches se doivent d'être strictement organisées afin que l'efficacité de l'équipe soit la même, que vous ayez déjà travaillé avec les membres de cet équipage ou qu'il s'agisse de votre premier vol ensemble.

Si vous souhaitez travailler dans un environnement international, que vous aimez le contact avec les gens et que vous ne craignez pas les séjours constants à l'hôtel et la vie de nomade, alors des impressions inoubliables et des horaires de travail variés au-dessus des nuages vous attendent.

Les conditions requises pour une carrière de pilote

L'image de pilotes audacieux, débrouillards et téméraires a perduré pendant des décennies. Rien d'étonnant, si l'on considère qu'aux débuts de l'aviation, il n'y avait qu'un minimum de soutien technique pour voler. Les appareils étaient difficiles à contrôler, et ne bénéficiaient pas de l'assistance de systèmes automatiques comme ceux que l'on trouve dans les cockpits modernes. Au début, l'être humain a beaucoup risqué pour réaliser son rêve de voler, suscitant respect et estime pour la profession de pilote. Pour autant si certains clichés ont survécu à l'épreuve du temps, il est vrai que l'image actuelle du pilote est différente - notamment parce que de plus en plus de femmes aspirent également à une carrière de pilote. C'est une profession normale qui peut s'apprendre comme n'importe quelle autre.

Pour tous ceux qui rêvent de s'envoler, ce métier peut devenir une réalité dès l'âge de 18 ans. Il s'agit de l'âge minimum requis pour obtenir une licence de pilote professionnel. Si vous êtes intéressé(e) par cette formation, vous devez posséder de solides connaissances en mathématiques et en physique, un esprit technique et de larges connaissances générales. Votre perception spatiale devrait être particulièrement bien développée, car la navigation aérienne se déroule dans un espace tridimensionnel. Une connaissance approfondie de l'anglais est également extrêmement importante pour une carrière dans l'aéronautique, car c'est la langue internationale de l'aviation. Un diplôme d'études secondaires spécifique n'est pas obligatoire en vertu de la loi, mais il peut être exigé par une compagnie aérienne. De plus, voler nécessite une bonne condition physique et mentale. L'aptitude médicale nécessaire est vérifiée lors d'un examen aéromédical.

Alors que certaines compagnies aériennes forment elles-mêmes leurs futurs pilotes, d'autres sous-traitent la formation à divers organismes indépendants. Pour ceux qui n'ont pas l'opportunité d'intégrer ces formations « sponsorisées », il reste la solution de suivre la formation dans une école de pilotage privée à leurs frais : des entreprises de formation de qualité offrent des informations et des conseils approfondis aux intéressés. Les opportunités et les risques rencontrés tout au long du parcours professionnel ainsi que les questions sur les modèles de financement et vos perspectives de carrière après la réussite seront abordés au cours de ces discussions. Les tests d'aptitude partiellement nécessaires sont conçus pour vous montrer à l'avance les éventuelles difficultés d'apprentissage.

En revanche, pour entrer directement dans la filière de formation d'une compagnie aérienne, il faut passer par une procédure d'admission complexe. Ce processus est souvent divisé en étapes et dure quelques jours. Les tests sont généralement considérés comme difficiles à réussir, en partie parce que certains sont effectués dans un temps limité. Il s'agit notamment de tests de réaction et de tests de la mémoire à court et à long terme.

Les Compagnies ne partagent pas nécessairement la même vision du candidat idéal, notamment en ce qui concerne leur personnalité. C'est pourquoi ces dernières sont désireuses d'apprendre à connaître les candidats et leur caractère. Sous la forme d'entretiens collectifs et individuels, vous et vos concurrents serez examinés à la loupe. La plupart des compagnies aériennes demandent également une évaluation (aéro-)psychologique. Si vous réussissez toutes les parties de l'examen, vous pouvez commencer votre formation professionnelle approfondie.

La formation de pilote professionnel

L'acquisition d'une licence de pilote exige des connaissances à la fois pratiques et théoriques. Les futurs pilotes commencent ainsi par acquérir en classe des connaissances approfondies sur la météorologie, le droit aérien, la navigation, l'aérodynamique et d'autres aspects essentiels de l'aviation, complétées par un travail en auto-apprentissage impératif. Ces connaissances sont testées à la fin de l'unité théorique lors d'un examen auprès des autorités aéronautiques officielles.

Vient ensuite la formation pratique. Au cours de celle-ci vous évoluerez sur différents types d'avions. Avant chaque vol, vous effectuerez une visite prévol permettant de vérifier le bon état général de l'appareil et de ses organes de contrôle. Les premières leçons sont effectuées sur des avions d'entraînement monomoteurs, en vol dit « à vue » : le pilotage se fait via les références extérieures (ligne d'horizon, repères au sol…), par opposition au vol « aux instruments », étudié plus tard, qui permettra de s'affranchir de ces références pour pénétrer par exemple dans une couche nuageuse.

Pendant les premières leçons, l'accent est mis sur le maniement correct des commandes et sur les exercices de décollage et d'atterrissage en toute sécurité, même en conditions météorologiques difficiles. La manipulation des systèmes automatiques tels que le pilote automatique n'est traité qu'à un stade ultérieur.

Plus tard, après avoir appris à piloter des avions monomoteurs et multimoteurs en vol aux instruments, l'accent sera mis de plus en plus sur le domaine du travail en équipage. En effet les vols commerciaux étant toujours effectués par deux pilotes, voire plus sur les vols long-courriers, une formation « MCC » (*multi crew cooperation* en anglais) est obligatoire pour acquérir la méthodologie indispensable. Réagir à une situation imprévue potentiellement dangereuse nécessite souvent une prise de décision et une réaction immédiates. L'usage du simulateur permet d'y préparer efficacement les pilotes en les confrontant aux pannes les plus critiques, exigeant d'eux non seulement des compétences techniques, mais aussi une bonne maîtrise du stress.

Le format de ces formations n'est pas figé et dépend beaucoup des besoins des Compagnies, ou des contraintes des étudiants dans le cas des formations auto-financées (temps plein vs temps partiel, présentiel ou par correspondance pour la partie théorique par exemple).

Bien qu'il existe des différences entre les normes de formation dans le monde entier, leur contenu reste similaire. Ainsi, après l'obtention du diplôme, le chemin du cockpit vous est ouvert pour les vols court, moyen et long-courriers en transport passagers ou fret. Pour atteindre cet objectif de carrière, il faut, entre autres, une forte volonté, un sens des responsabilités très développé, une bonne autoévaluation et une grande part d'amour du métier, sans laquelle la dure formation serait impossible à réussir. Voler reste un métier de rêve, même pour la plupart des pilotes de longue date.

La qualification de type

Une fois la formation générique de pilote professionnel et de ligne achevée, une qualification « de type » (*type rating* en anglais), spécifique à un modèle d'appareil, est indispensable. A travers cette formation avancée, vous vous spécialisez généralement sur un constructeur (par exemple Airbus, Boeing, Bombardier, Embraer, Tupolev, etc…) et plus précisément sur un type ou une série spécifique (par exemple, la famille Airbus A320 avec les types A318/A319/A320/A321 ou encore la série Boeing B737, etc…).

La formation sur un type d'avion dure en moyenne huit semaines, selon le contenu du programme de formation d'une compagnie aérienne. L'équipage y suit un entraînement rigoureux et intensif. Les simulateurs de vol, qui reproduisent fidèlement le cockpit de chaque avion, y jouent un rôle essentiel, permettant de familiariser les pilotes aux procédures d'urgences propres à leur appareil.

La partie théorique apporte quant à elle une connaissance approfondie des systèmes spécifiques de l'avion, de ses performances et de ses procédures. Elle est bien entendu sanctionnée par un examen. Enfin, pour valider cette nouvelle « qualification de type », le candidat devra effectuer un dernier entraînement, sur l'avion réel cette fois-ci, dans le but d'en maîtriser les atterrissages. Aucun passager n'est admis pendant ce vol.

Par la suite, les pilotes retournent au simulateur tous les six mois. Ces contrôles récurrents leur permettent de maintenir leur qualification sur le type d'avion correspondant. L'évaluation des compétences est effectuée par un examinateur qui contrôle en même temps le respect des normes spécifiées au nom de l'autorité aéronautique.

Qui pilote ? Le commandant de bord ou le copilote ?

La gestion du vol dans le cockpit des avions de ligne modernes se fait en équipage selon des procédures rigoureuses. Les tâches sont réparties clairement entre les pilotes avant le vol, l'un étant aux commandes pendant que l'autre gère les systèmes avion et les communications avec le contrôle aérien. Le Commandant de bord et le copilote étant tous deux pleinement qualifiés, et donc également aptes à être aux commandes, cette répartition alterne en général d'un vol sur l'autre.

La différence entre eux pilotes réside en réalité dans leur degré de responsabilité, qui est déterminée par leur grade. En règle générale, le Commandant de bord a plus d'expérience et détient le pouvoir de décision final à bord. Grâce à ces prérogatives supplémentaires, il peut ordonner les mesures nécessaires pour assurer la sécurité de tous les passagers, des membres d'équipage, du fret à bord et de l'avion en général.

Des possibilités d'évolution et de formation continue existent par ailleurs. Ceux qui remplissent les conditions requises peuvent par exemple obtenir une qualification d'instructeur puis d'examinateur. D'autres seront chargés de veiller au respect de la formation interne et des normes de qualité lors de contrôles en Ligne, ou pourront endosser des responsabilités supplémentaires au sol, comme la gestion des opérations aériennes ou de la sécurité des vols.

Des aéroports pas comme les autres

Tous les aéroports ne sont pas utilisables par les appareils commerciaux, certains étant notamment à vocation purement militaire, ou privée. Mêmes les aéroports commerciaux peuvent présenter des contraintes et restrictions, tous n'étant pas adaptés au vol de nuit par exemple.

Il existe par ailleurs une classification par niveau de difficulté. Dans de nombreux cas, ce sont des contraintes géographiques (relief...) qui nécessitent une procédure différente pour les arrivées et les départs. Certains nécessitent ainsi une formation préalable au simulateur avant de pouvoir être utilisés, à l'instar de Sion en Suisse, Innsbruck en Autriche, Katmandou au Népal, Seletar à Singapour ou Aspen aux États-Unis.

D'autres restrictions sont parfois imposées aux opérations en raison de spécificités météorologiques locales ou pour des raisons de réduction du bruit. L'aéroport de la City à Londres au Royaume-Uni, par exemple, est réservé aux seuls aéronefs capables d'une pente d'approche beaucoup plus forte que la normale afin de limiter les nuisances sonores sur le centre-ville.

Pour les aéroports particulièrement difficiles d'accès, le service de formation d'une compagnie aérienne se charge de donner à l'avance un briefing approprié à ses pilotes. Pendant le vol lui-même, cependant, la préparation pour l'atterrissage n'est pas différente, car quelle que soit la destination du vol, l'équipage du cockpit dispose toujours de cartes d'approche et de départ pour une navigation précise.

Sécurité & bien-être

✓

Les vols sont-ils vraiment sûrs ?

Chaque année, le nombre de vols augmente et les records de nombre de passagers se succèdent. L'avion est le moyen de transport de masse le plus sûr et pourtant, de nombreux voyageurs appréhendent de prendre l'avion. Cela est compréhensible, car de nombreux facteurs de stress et d'anxiété se conjuguent pendant un vol. Cependant, la grande majorité d'entre eux sont basés sur des à priori erronés, une certaine désinformation ou des malentendus. Si vous voulez vous débarrasser de vos anxiétés, vous devriez les examiner de plus près. Des connaissances approfondies aident à mieux comprendre la sécurité aérienne.

Un accident d'avion fait toujours l'objet d'une couverture médiatique importante, quand les accidents de la route, banalisés, ne sont même plus mentionnés bien qu'ils puissent être tout aussi meurtriers. Il est d'ailleurs possible malheureusement que vous ayez déjà perdu un proche dans un accident de voiture, mais la probabilité que vous connaissiez une victime d'un accident aérien est infime. Il semble donc presque paradoxal de craindre de prendre l'avion en tant que titulaire d'un permis de conduire. En réalité la conduite d'une voiture est rassurante car c'est un environnement qui vous est familier, même si vous êtes piéton ou que vous prenez le bus. Vous en connaissez les règles, ce qui vous permet de mieux l'appréhender. L'idée de pouvoir s'arrêter à tout moment et (apparemment) de contrôler la situation apporte un sentiment de sécurité.

Dans un avion, cette familiarité et ces habitudes n'existent que chez peu de passagers. Vous n'avez probablement pas non plus de connaissances techniques suffisantes pour développer un sentiment de sécurité satisfaisant. À cela s'ajoute une impression d'impuissance, puisqu'il faut confier votre vie à deux inconnus dans le cockpit. Toutes ces craintes personnelles peuvent gâcher votre plaisir de voler. Les quelques données suivantes mettent en évidence le niveau de Sécurité atteint aujourd'hui par l'Aviation commerciale :

En 2005, pour la première fois, plus de 2 000 000 000 (2 milliards) de passagers aériens ont été transportés. Douze ans plus tard, ils étaient déjà deux fois plus nombreux. Les plus de 4 milliards de passagers ont été répartis sur un peu moins de 42 millions de vols commerciaux en un an. Statistiquement, plus de 7 500 personnes ont pris l'avion chaque minute en 2017, soit un peu moins de 500 000 passagers en vol à tout instant de par le Monde.

Si l'on compare les accidents mortels, l'aviation et le transport routier présentent une nette différence. En 2017, plus de 1,35 million de personnes sont mortes sur les routes du monde entier. Cela équivaut au triste nombre de 3 500 personnes par jour. Ainsi, toutes les 24 secondes, une personne perdait la vie sur la route.

Le nombre d'accidents aériens mortels est relativement faible en comparaison. En 2017, une cinquantaine de personnes sont mortes dans un accident d'avion. Cela correspond à moins d'un décès par avion et par semaine.

Dans l'aviation, il y a un dicton qui dit : « Le plus dangereux dans un voyage en avion est le trajet en voiture jusqu'à l'aéroport ». Donc, si vous arrivez en voiture et en toute sécurité à l'aéroport, le pire est déjà derrière vous.

Rayonnement cosmique et radiations

Notre planète est continuellement exposée à des particules chargées d'énergie provenant de l'espace. Les activités du soleil ont une influence directe sur leur intensité. En traversant nos couches atmosphériques, le rayonnement cosmique perd continuellement de sa force. Mais même sans monter dans un avion, nous ne pouvons pas échapper à un certain rayonnement de base. Nous sommes exposés à des radiations radioactives naturelles permanentes aussi bien en haute altitude qu'à terre. L'unité d'une dose est mesurée en *sieverts* (Sv) et généralement exprimée en *millisieverts* (mSv).

Le rayonnement de base moyen au sol en Europe centrale est de 2,5 à 3,0 millisieverts. La quantité de radiations naturelles à laquelle une personne est effectivement exposée dépend de différents facteurs. Par exemple, outre les matériaux de construction de sa propre maison et l'alimentation quotidienne, les activités professionnelles et les habitudes de vie ont également une influence sur cette valeur.

Les passagers d'un avion sont généralement exposés à de très faibles quantités de rayonnement cosmique supplémentaire. La dose exacte dépend de l'altitude de croisière, de l'itinéraire de vol, de sa durée et des valeurs de référence atmosphériques changeant quotidiennement. Une altitude de vol de 600 mètres (2 000 pieds) plus basse permet une exposition plus faible aux radiations.

En raison du champ magnétique terrestre, la planète est mieux protégée contre le rayonnement cosmique le long de l'équateur, de sorte que la dose de rayonnement est beaucoup plus faible lorsque l'on vole dans ces régions. Inversement, l'exposition augmente en direction des calottes polaires, car la couche protectrice y diminue. Un vol des Émirats arabes unis vers l'île Maurice a donc un niveau de radiation plus faible qu'un vol du Japon vers le Canada.

L'exposition au rayonnement pendant un vol long-courrier des États-Unis vers l'Europe est d'environ 0,05 millisievert. Si l'on fait cette distance aller-retour, la valeur est comparable à la radiographie des poumons chez un spécialiste. Si le nombre est porté à vingt traversées transatlantiques en douze mois, la dose correspond à la radioactivité annuelle à laquelle un gros fumeur est exposé par sa propre consommation de cigarettes.

Les voyages aériens peu fréquents ou occasionnels sont considérés comme inoffensifs pour le corps humain. Pour une durée de vol de trois heures, une exposition moyenne de 0,02 millisievert est atteinte sur le court et moyen-courrier. Plus de trois cents vols de ce type par an seraient nécessaires pour obtenir la même quantité de rayonnement qu'une tomographie du thorax (environ 6 mSv).

Par contre, les personnes volant beaucoup professionnellement et l'équipage sont exposés beaucoup plus fréquemment aux rayonnements cosmiques. En moyenne, leur exposition supplémentaire aux rayonnements est de 5 millisieverts par an. Sur les vols long-courriers réguliers le long des routes polaires, la quantité de rayonnement est comparable à celle à laquelle est exposé le personnel médical, scientifique et technique travaillant avec des matières radioactives.

Pour protéger le personnel navigant, la limite maximale est de 20 millisieverts d'exposition supplémentaire aux radiations par an. Il est considéré comme extrêmement improbable qu'un membre d'équipage s'approche de cette valeur maximale.

Une trop forte exposition au rayonnement cosmique est malsaine pour le corps humain. Par conséquent, les dangers potentiels ne doivent en aucun cas être minimisés. Cependant, une peur exagérée n'est pas non plus appropriée. Il est plus sage de se sensibiliser à la puissance des radiations naturelles de notre planète. De cette manière, tous les voyages aériens peuvent continuer à être appréciés dans une mesure raisonnable.

Comment réagir en cas d'incident ?

Elles agacent bien des passagers, du moins pour ceux qui les remarquent… Elles, ce sont bien sûr les vidéos et démonstrations de sécurité effectuées par le personnel de cabine au début du vol. Et pourtant, écouter et observer attentivement ces brèves instructions pourrait un jour vous sauver la vie. En cas d'incident inattendu, les premières secondes sont souvent cruciales.

De nombreux passagers détachent leur ceinture dès que le signal « attachez vos ceintures » s'éteint. Toutefois, comme des turbulences peuvent survenir à tout moment, il est conseillé de rester assis avec votre ceinture de sécurité bouclée pendant tout le vol, de manière lâche sur les hanches au besoin pour plus de confort. Si les conditions de vol sont calmes, rien ne vous empêche d'aller aux toilettes ou de vous dégourdir les jambes brièvement dans l'allée. Cependant, de plus en plus de compagnies aériennes rendent le port permanent de la ceinture de sécurité obligatoire pour des raisons de responsabilité légale. Cela s'applique pendant tout le vol, que le voyant soit allumé ou non. En tant que passager, vous devenez alors responsable d'éventuelles blessures subies en cas de turbulences.

Lors de nombreux exercices d'évacuation, les constructeurs d'avions ainsi que les compagnies aériennes essaient de tester différentes situations d'urgence. Les connaissances acquises pendant ces exercices influencent non seulement les futurs briefings de sécurité, mais aussi la production d'avions et les processus de certification de nouveaux modèles. Ces exercices sont principalement réalisés dans une maquette appelée *mock-up*, qui reproduit fidèlement le fuselage du type d'avion considéré. On y simule un incident majeur tel qu'un amerrissage d'urgence ou une évacuation de l'appareil. Les passagers sont alors invités à enfiler leur gilet de sauvetage, à suivre les bandes lumineuses dans l'obscurité jusqu'à la sortie de secours la plus proche, à ouvrir la porte et à quitter l'avion au moyen d'un toboggan d'évacuation.

Toutefois, ces tests mènent au constat récurrent et inquiétant que seul un petit nombre de participants est capable d'appliquer correctement les consignes de sécurité. Étonnamment, les grands voyageurs ne sont pas plus performants que les nouveaux voyageurs ou les voyageurs occasionnels. Le succès des exercices est toujours déterminé par l'importance qu'une personne attache aux instructions présentées au début. Le degré d'attention accordé à la démonstration de sécurité a donc une influence décisive sur l'issue positive d'une situation d'urgence.

Les compagnies aériennes sont bien conscientes de ce fait. En général, on veille à présenter les procédures les plus importantes de manière compacte et aussi simple que possible en utilisant des mots et des signaux soigneusement sélectionnés. Certaines compagnies tentent de susciter l'intérêt de leurs passagers par le biais de vidéos innovantes.

Les instructions de l'équipage peuvent par ailleurs susciter l'agacement lorsque leur utilité n'est pas comprise. Par exemple, lors du décollage et de l'atterrissage, on vous demande de redresser les dossiers de votre siège et de replier la tablette devant vous. Il ne s'agit pas d'une rigueur inutile mais bien d'un impératif de Sécurité : en cas d'urgence, la tablette peut causer des blessures dans la région abdominale. De plus, en cas d'atterrissage d'urgence, vous ne pourriez adopter la position de Sécurité indispensable que si la personne devant vous a placé son dossier en position verticale.

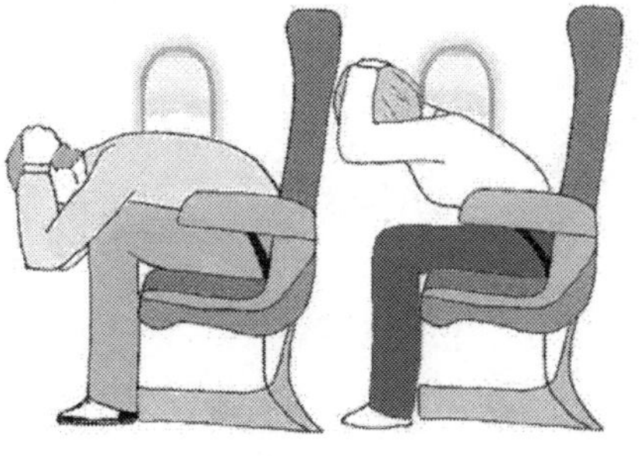

Les sièges des rangées au niveau des sorties de secours sont très populaires auprès des voyageurs, car ils offrent plus d'espace pour les jambes que la plupart des autres sièges de la classe économique. Cependant, tout le monde n'a pas le droit de s'y asseoir. Le personnel de cabine est instamment prié de veiller à ce qu'aucun passager ayant besoin d'aide en cas d'évacuation n'occupe ces sièges. Cela inclut les enfants, les femmes enceintes et toute personne à mobilité réduite en raison d'une maladie ou de son âge.

En parcourant les rangées, le personnel de cabine vérifie consciencieusement que l'accès aux sorties de secours est dégagé, sans des bagages à main ou vestes qui pourraient gêner une évacuation.

Pendant le décollage et l'atterrissage, il est obligatoire de garder le cache hublot ouvert à tout moment. Cette mesure vous permet, ainsi qu'au personnel de cabine, de voir sans entrave vers l'extérieur en cas de danger et d'avoir ainsi une vue d'ensemble de la situation. Pour la même raison, les lumières de la cabine sont éteintes ou tamisées pendant les vols de nuit et au crépuscule. Cela permet aux yeux de mieux s'habituer aux conditions d'éclairage extérieur, et les bandes lumineuses menant aux sorties de secours peuvent également être perçues plus rapidement.

Durant les démonstrations de sécurité, les compagnies aériennes soulignent qu'en cas d'évacuation, tous les bagages à main doivent rester à bord. Si une situation d'urgence se produit réellement, vouloir emporter votre bagage vous ferait perdre un temps précieux. Progresser à l'intérieur de l'appareil pour l'évacuer pourrait être rendu plus difficile pour vous et vos compagnons de voyage, et dans le pire des cas, même, s'avérer impossible. Par conséquent, les effets personnels doivent être laissés à bord. Les biens matériels sont remplaçables, les personnes ne le sont pas.

Éviter les collisions

En termes de prévention des accidents, l'industrie aéronautique a clairement une longueur d'avance sur l'industrie automobile. Alors que les systèmes d'alerte de collision pour le trafic routier sont encore en développement, cette technologie est utilisée avec succès dans l'aviation depuis des années.

Le *Traffic Alert and Collision Avoidance System* (abrégé TCAS) est installé dans chaque avion commercial et communique avec les autres avions à proximité. Tous les appareils se trouvant dans un certain rayon sont affichés sur un écran dans le cockpit. Si deux machines se rapprochent dangereusement l'une de l'autre, le système déclenche une alarme permettant aux pilotes de réagir à temps. Le système leur montre une trajectoire de vol sur laquelle une manœuvre d'évitement sûre est possible. Le TCAS détermine quel avion doit monter et quel aéronef doit recevoir l'ordre de descendre. Ces systèmes sont particulièrement utiles dans les espaces aériens très fréquentés et permettent d'éviter les collisions de manière fiable et efficace.

Déroutement ou atterrissage d'urgence ?

Il nous est souvent parlé dans les journaux ou les médias à la recherche de sensationnel d'atterrissages d'urgence. Ce terme à connotation dramatique est la plupart du temps employé à tort, pour évoquer ce qui n'aura été en réalité qu'un déroutement suivi d'un atterrissage de sécurité.

Si un incident qui n'est pas une urgence aiguë se produit pendant le vol, panne d'un système par exemple, l'étendue du dysfonctionnement est immédiatement analysée par l'équipage et les risques éventuels évalués. La sécurité de toutes les personnes à bord l'emportant sur les considérations économiques de la compagnie, la simple supposition d'un problème suffit à justifier l'interruption du vol. Dans ce cas, on parle d'un atterrissage de sécurité.

En revanche, le terme atterrissage d'urgence désigne une interruption de vol due à une urgence réelle et aiguë à bord qui rend la continuation du voyage impossible. Il peut s'agir de défauts techniques graves, de développement de fumée en cabine ou dans le cockpit, ou encore d'urgences médicales.

Le signal de détresse « Mayday, Mayday, Mayday » déclare l'urgence aux autres avions ainsi qu'aux contrôleurs aériens. L'appareil concerné est alors immédiatement prioritaire dans le trafic radio et dans les procédures d'approche et d'atterrissage. S'il est impossible d'atteindre un aéroport dans le temps imparti, la dernière option reste l'atterrissage hors aérodrome ou l'amerrissage.

En cas de doute : remettre les gaz

Une remise des gaz (*go-around* en anglais) est une interruption délibérée de la procédure d''atterrissage. Cette interruption peut être déclenchée pendant l'approche si les conditions d'un atterrissage en toute sécurité ne sont plus réunies. En aviation, une remise des gaz n'est pas considérée comme une situation dangereuse, mais comme une procédure normale à laquelle l'équipage est dûment formé et entraîné.

Des conditions météorologiques défavorables sont une des raisons les plus courantes pour l'interruption d'une approche, si par exemple la force du vent au sol dépasse la limite autorisée de l'appareil. Une visibilité insuffisante peut également être un élément critique, car la piste doit être identifiée visuellement avant de pouvoir poursuivre. Si cela n'est pas possible en raison de fortes pluies, chutes de neige, ou brouillard, une remise des gaz est obligatoire.
Une autre raison peut être l'espacement entre les avions au départ et à l'arrivée. Afin de maintenir la fluidité du trafic, les contrôleurs aériens alignent des avions de différentes vitesses. Cet échelonnement est un défi quotidien, car outre les variations du volume de

trafic, il faut également tenir compte des données météorologiques, de l'heure de la journée et des avions qui précèdent. Le contrôleur aérien est responsable du maintien d'une distance minimale entre deux avions. En plus d'éviter les collisions, cela est important car les appareils qui atterrissent provoquent des turbulences qui peuvent perturber l'avion suivant dans son approche pour atterrir.

Une remise des gaz reste pour la plupart des passagers une sensation désagréable. Le grondement des moteurs peut être inquiétant pendant une phase de vol par ailleurs plus silencieuse, et tend à suggérer que quelque chose ne se déroule pas comme prévu. La procédure est pourtant banale, et somme toutes très similaire à un décollage. Bien que pleinement conscients de la possible anxiété de leurs passagers, les pilotes n'auront cependant la disponibilité suffisante pour les informer plus avant qu'une fois la manœuvre terminée.

Après une remise de gaz pour cause météo, il est possible pour l'appareil d'entrer dans un circuit d'attente le temps que la situation évolue, avant d'entreprendre une deuxième tentative. Les contrôleurs le guideront alors au radar pour l'intégrer dans la file des avions en approche.

Atterrissage dur ou en douceur ?

Les passagers préfèrent généralement un atterrissage en douceur, presque imperceptible. Ce type d'atterrissage reçoit donc des éloges et des critiques positives. Un atterrissage vigoureux, en revanche, est immédiatement critiqué : « Quel mauvais atterrissage, cela ne pouvait être que le copilote ». Ou encore : « Je suppose que le pilote n'a pas encore beaucoup d'expérience, vu la façon dont il a atterri durement. » On entend également des déclarations se voulant drôles comme « Nous n'avons payé qu'un seul atterrissage, mais nous en avons eu deux ».

Mais comment les pilotes jugent-ils leurs propres atterrissages ? La réponse pourrait vous surprendre. Pour l'équipage, un seul type d'atterrissage compte : celui en toute sécurité. La douceur n'a aucune importance. Pour atterrir en sécurité, il faut d'abord toucher le sol avec le train d'atterrissage principal, puis le train avant. Les ailes sont maintenues horizontales afin que leurs extrémités ne touchent pas la piste. Immédiatement après l'atterrissage, la concentration se porte sur la manœuvre de freinage.

Dans les aéroports très fréquentés, la piste doit être dégagée le plus rapidement possible afin que l'appareil suivant puisse décoller ou atterrir immédiatement. La longueur de la piste disponible détermine naturellement également l'intensité du freinage. Si la piste est vraiment courte, il n'y a pas beaucoup de temps pour poser les roues au sol. L'atterrissage sera donc nécessairement plus costaud, mais l'équipage le sait dès le décollage.

Dans certaines situations, par exemple en cas de mauvaises conditions météorologiques, un atterrissage en douceur peut parfois être dangereux. Si la piste est recouverte d'eau stagnante à cause de la pluie, il y a un risque aigu d'aquaplanage en cas d'atterrissage trop doux. Au contraire lors d'un atterrissage plus dur, l'eau est chassée immédiatement par le train d'atterrissage améliorant ainsi d'autant le freinage et le contrôle de la trajectoire.

Les applaudissements après l'atterrissage

Les applaudissements peuvent transmettre différentes émotions et être utilisés dans différentes situations. Par exemple, nous célébrons un discours particulièrement réussi en l'applaudissant, nous rendons hommage aux performances artistiques, ou nous exprimons notre approbation dans les débats politiques.

Il est cependant moins courant d'applaudir des activités perçues comme banales ou peu spectaculaires. C'est précisément la raison pour laquelle les applaudissements après l'atterrissage suscitent des réactions diverses. Si certains considèrent les professions du personnel de cabine et des pilotes comme ordinaires, d'autres les trouvent impressionnantes.

Pour la plupart, ce sont les voyageurs prenant fréquemment l'avion qui ne comprennent pas pourquoi il faudrait applaudir après l'atterrissage. Pour eux, l'avion est un moyen de transport comme un autre, ils sont donc habitués aux procédures, aux sons et aux sensations. En conséquence, leurs réactions face aux passagers occasionnels qui applaudissent vont de la compréhension à la gêne, en passant par l'amusement. Alors que certains passagers considèrent les applaudissements comme complètement excessifs en situation normale, d'autres veulent honorer de manière audible la performance de l'équipage ou se laissent emporter par les applaudissements des autres.

Mais la plupart du temps, les applaudissements n'ont rien à voir avec la performance de l'équipage. Souvent ils symbolisent en fait le soulagement d'être à nouveau sur la terre ferme. Et cela ne s'applique pas seulement aux passagers qui ont peur de prendre l'avion. Une situation inconnue peut déclencher chez tout voyageur aérien une tension intérieure qui se libère lors de l'atterrissage de l'avion, libération qui s'exprime à son tour par des applaudissements. Après un vol mouvementé, les rangées de la classe affaires sont elles aussi soulagées et l'un ou l'autre voyageur endurci s'est déjà laissé emporter par l'enthousiasme des autres.

Il y a aussi ces jours où tout va de travers. Un phénomène météorologique ou des difficultés techniques font que le vol décolle plus tard que prévu. Le personnel de cabine, conscient des désagréments des passagers, ne néglige aucun effort pour rendre la situation aussi supportable que possible. Des applaudissements sont parfois adressés pour récompenser ces prestations utiles et exceptionnelles allant au-delà du « devoir réglementaire ».

Mais comment les intéressés voient-ils la chose ?

Que les applaudissements soient dus à l'inquiétude, à la tension, au soulagement ou viennent du cœur, en règle générale, le personnel navigant s'en réjouit. Il n'y a rien de mal à faire connaître son appréciation, et c'est toujours flatteur pour l'équipage. Mais il ne considère pas ces applaudissements comme une évidence. Pour le personnel de bord, chaque vol fait partie de la routine professionnelle. Parfois, les pilotes ne découvrent que plus tard, par l'intermédiaire de leurs collègues en cabine, qu'il y a eu des applaudissements après l'atterrissage. Selon le type d'avion, les applaudissements dans le cockpit ne sont pas du tout perceptibles ou seulement très étouffés. Quoiqu'il en soit, il est évident que l'expression de sa satisfaction par un passager est toujours gratifiante pour tout membre d'équipage !

Dédicace

Je remercie de tout cœur ma chère épouse Bianca pour la patience dont elle m'a fait preuve pendant que j'écrivais ce livre. Sans son soutien et ses commentaires judicieux, ce travail n'aurait pas abouti. Sa clairvoyance et ses encouragements n'ont jamais manqué de me motiver.

Mes sincères remerciements également à toute ma famille et à mes amis, sur lesquels je peux toujours compter. Leur aide et leurs précieux conseils me permettent d'atteindre mes objectifs et de dépasser mes limites.

Ma gratitude va également aux personnes qui ont contribué directement ou indirectement au contenu de ce livre. Parmi eux, il y a tous ceux qui m'ont posé de nombreuses questions sur le vol tout au long de ma vie professionnelle et qui continuent à me tenir en haleine avec leur soif de connaissances.

Un grand merci !

À propos de l'auteur

Hans-Georg Rabacher, né en 1982, est pilote professionnel et de ligne, entrepreneur et auteur. Il a découvert son amour de l'aviation pendant son enfance et son adolescence. En tant que pilote, il vole régulièrement vers des destinations internationales et possède de nombreuses années d'expérience sur différents types d'avions, notamment le jet privé « Bombardier Challenger 350 » ainsi que les avions de ligne de la famille « Airbus A320 ».

Au cours de sa carrière de pilote, Hans-Georg Rabacher a travaillé comme instructeur de vol dans différentes sociétés de formation, dont six ans à la direction de l'une des plus grandes écoles de pilotage d'Europe centrale. En tant que membre du comité de sélection d'une compagnie aérienne, il a participé à l'évaluation professionnelle des candidats au poste de pilotage.

L'auteur transmet aux jeunes ses connaissances et son enthousiasme pour l'aviation dans le cadre de l'orientation professionnelle. En plus de sa fonction de pilote examinateur, il est toujours actif aujourd'hui en tant qu'enseignant et conférencier dans le domaine de la formation des agents de bord, des pilotes privés et commerciaux ainsi que des futurs instructeurs de vol.

AIRMAIL

Exciting insights into aviation, flying and travel are waiting for you to be discovered.

Stay up to date and
>> *get ready for take-off* <<

- ✓ new releases
- ✓ exclusive reading samples
- ✓ air travel recommendations
- ✓ pilot news from the cockpit

>> Welcome aboard <<
www.checkpilot.com/Newsletter/

Liste des sources

www.security-label.de/baggage-tag/
www.aiaa.org/about/History-and-Heritage/History-Timeline
www.lilienthal-museum.de/olma/soest.htm
www.lilienthal-museum.de/olma/wright.htm

www.aerospace.honeywell.com/content/dam/aero/en-us/documents/learn/products/recorders-and-transmitters/datasheet/N61-2083-000-000_HCR-25-datasheet.pdf
www.atsb.gov.au/media/4793913/Black%20Box%20Flight%20Recorders%20Fact%20Sheet.pdf

www.timetableimages.com/ttimages/aerom.htm
https://en.wikipedia.org/wiki/In-flight_entertainment
www.imagikcorp.com/brief-history-flight-entertainment/
www.lufthansagroup.com/en/themes/flynet.html

www.boeing.com/news/frontiers/archive/2011/september/cover.pdf

www.airships.net/blog/worlds-first-flight-attendant/
www.worldhistory.us/american-history/ellen-church-the-first-flight-attendant.php

www.iata.org/publications/pages/annual-review.aspx
www.iata.org/pressroom/facts_figures/fact_sheets/Documents/fact-sheet-safety.pdf
www.icao.int/safety/iStars/Pages/Accident-Statistics.aspx
www.who.int/violence_injury_prevention/road_safety_status/2018
www.who.int/ith/mode_of_travel/tcd_aircraft/en/

www.bundestag.de/resource/blob/514148/81e5885cc3de1721c0681d18c7636006/WD-8-018-17-pdf-data.pdf
www.bfs.de/DE/themen/ion/umwelt/luft-boden/flug/flug.html
https://odlinfo.bfs.de/DE/themen/was-ist-odl/strahlenbelastung-vergleich.html
www.gov.uk/government/publications/ionising-radiation-dose-comparisons/ionising-radiation-dose-comparisons

www.istockphoto.com ID: 1173904559

Dernière utilisation de ces sources le 26 mars 2021

Made in the USA
Monee, IL
18 October 2026

66036582R10072